高等职业教育“十四五”规划教材

嵌入式 Qt 应用开发教程

周洪林　主编

中国农业大学出版社
·北京·

内容简介

本教材讲述了基于 Qt 的嵌入式图形化界面应用程序的开发，内容上着重强调新颖性和实践性。本书主要分为五大部分：第 1 部分介绍嵌入式 Linux 应用基础，包括嵌入式 Linux、shell 编程、嵌入式开发中常用的网络服务配置；第 2 部分介绍 Linux 下 C/C++程序的编译，包括程序设计语言介绍、C/C++程序的编译和交叉编译、静态库与动态库、make 工具；第 3 部分介绍 Qt 开发环境搭建及应用程序开发，包括 Qt 技术简介、Linux 平台下 Qt 开发平台搭建、Linux 平台下 Qt 程序开发；第 4 部分介绍开发板基础，包括开发板及启动卡的制作、嵌入式开发环境搭建、程序的移植与运行；第 5 部分介绍嵌入式 Qt 与物联网应用程序开发，包括 ZigBee 组网、Qt 应用程序开发。本教材内容翔实、涉及面广、图文并茂、操作步骤清晰，具有极强的可操作性和针对性，适合任务驱动、理实一体的教学方式。

本书可作为高职高专院校计算机应用技术专业及相关专业学生的教材，也可作为 Qt 图形化界面开发初学者的参考书。

图书在版编目(CIP)数据

嵌入式 Qt 应用开发教程/周洪林主编. — 北京：中国农业大学出版社，2020.8
ISBN 978-7-5655-2407-3

Ⅰ.①嵌… Ⅱ.①周… Ⅲ.①软件工具－程序设计－教材 Ⅳ.①TP311.561

中国版本图书馆 CIP 数据核字(2020)第 149685 号

书　　名 嵌入式 Qt 应用开发教程
作　　者 周洪林　主编

策划编辑 康昊婷　　**责任编辑** 刘耀华　翟海汝
封面设计 郑　川
出版发行 中国农业大学出版社
社　　址 北京市海淀区圆明园西路 2 号　　**邮政编码** 100193
电　　话 发行部 010-62733489，1190　　读者服务部 010-62732336
编辑部 010-62732617，2618　　出　版　部 010-62733440
网　　址 http://www.caupress.cn　　**E-mail** cbsszs@cau.edu.cn
经　　销 新华书店
印　　刷 涿州市星河印刷有限公司
版　　次 2021 年 1 月第 1 版　　2021 年 1 月第 1 次印刷
规　　格 787×1 092　16 开本　11 印张　270 千字
定　　价 35.00 元

编写人员 CONTRIBUTORS

主　编　周洪林（成都农业科技职业学院）
副主编　王　彪（成都农业科技职业学院）
　　　　　蒋新刚（成都奥锐电子有限公司）
参　编　刘和文（成都农业科技职业学院）
　　　　　叶　煜（成都农业科技职业学院）
　　　　　张　霞（成都农业科技职业学院）
　　　　　鲁刚强（成都农业科技职业学院）
　　　　　任　华（成都农业科技职业学院）
　　　　　尹华国（成都农业科技职业学院）
　　　　　雷　鹏（成都农业科技职业学院）

前言
PREFACE

近年来，嵌入式技术飞速发展，嵌入式系统在人们的生产与生活中被广泛应用，如智能冰箱、智能空调、智能农业大棚、无人驾驶汽车等。嵌入式应用离不开图形界面应用程序的开发，使用Qt开发的图形用户界面非常美观，更由于Qt跨平台的特性，可以实现一次编写代码，多处编译，所以使用Qt开发的应用程序可以非常方便地移植到嵌入式系统中。

Qt官方提供了大量、详细、全面的文档，但内容较多；也有些学习资料按照Qt类模块来介绍，但不方便上手。本书示例程序包含功能分析、界面设计、代码实现、项目测试4个部分，有助于初学者迅速掌握嵌入式系统技术与Qt的知识体系和精髓，使初学者可以快速上手。

本书适用于广大的计算机编程人员学习，只要具有一定的计算机应用基础知识、C/C++语言编程和Linux基础的读者，学习本教材后可以迅速入门嵌入式系统。

本书主要分为五大部分：第1部分介绍嵌入式Linux应用基础，包括嵌入式Linux、shell编程、嵌入式开发中常用的网络服务配置；第2部分介绍Linux下C/C++程序的编译，包括程序设计语言介绍、C/C++程序的编译和交叉编译、静态库与动态库、make工具；第3部分介绍Qt开发环境搭建及应用程序开发，包括Qt技术简介、Linux平台下Qt开发平台搭建、Linux平台下Qt程序开发；第4部分介绍开发板基础，包括开发板及启动卡的制作、嵌入式开发环境搭建、程序的移植与运行；第5部分介绍嵌入式Qt与物联网应用程序开发，包括ZigBee组网、Qt应用程序开发。

本教材由纸质书和电子资源组成。电子资源可在资源共享课程网站上浏览，包含课程标准、演示文稿、教学课件、教学案例、实训资源、教学录像、在线测试、交流讨论等内容。

本教材由成都农业科技职业学院的周洪林老师主持编写，成都奥锐电子有限公司的蒋新刚老师参与了第3章内容的编写，成都农业科技职业学院的王彪、刘和文、叶煜、张霞、鲁刚强、任华、尹华国、雷鹏8位老师参与部分章节的编写与修订工作。在此，对大家的辛勤付出表示衷心的感谢。

由于本教材涉及面广且作者水平有限，书中及教学资源中难免存在不足甚至错误之处，恳请广大读者批评指正。

编　者

2020年10月

目录 CONTENTS

Chapter 1

第1章 嵌入式Linux应用基础

1.1 嵌入式 Linux

【目的与要求】

- 掌握嵌入式 Linux 的概念
- 了解嵌入式 Linux 的特点
- 掌握在 Windows 下虚拟机 VMware 的安装方法
- 掌握 Ubuntu 的安装
- 掌握 VMware 共享文件夹的设置
- 掌握硬盘扩容的方法

嵌入式 Linux(Embedded Linux)是指对标准 Linux 进行小型化裁剪处理之后,能够固化在容量只有几 KB 或者几 MB 字节的存储器芯片或者单片机中,适合于特定嵌入式应用场合的专用 Linux 操作系统。

1.1.1 嵌入式 Linux 的特点

嵌入式 Linux 同 Linux 一样,具有低成本、多种硬件平台支持、优异的性能和良好的网络支持等优点。另外,为了更好地适应嵌入式领域的开发,嵌入式 Linux 具有以下几方面特点。

1. 模块化方面

Linux 的内核设计非常精巧,分为进程调度、内存管理、进程间通信、虚拟文件系统和网络接口五大部分。其独特的模块机制可根据用户的需要,实时地将某些模块插入或从内核中移出,使得 Linux 系统内核可以裁剪得非常小巧,很适合于嵌入式系统的需要。

2. 实时性方面

由于现有的 Linux 是一个通用的操作系统,虽然它也采用了许多技术来提高内部系统的运行和响应速度,但从本质上来说并不是一个嵌入式实时操作系统。因此,可以利用 Linux 作为底层操作系统,在其上进行实时化改造,从而构建出一个具有实时处理能力的嵌入式系统。

3. 硬件支持方面

Linux 能支持 X86、ARM、MIPS、ALPHA 和 PowerPC 等多种体系结构的微处理器,目前已成功地移植到数十种硬件平台,几乎能运行在所有流行的处理器上。另外,世界范围内有众多开发者在为 Linux 的扩充贡献力量,所以 Linux 有着异常丰富的驱动程序资源,支持各种主流硬件设备和最新的硬件技术,甚至可在没有存储管理单元 MMU 的处理器上运行,这些都进一步促进了 Linux 在嵌入式系统中的应用。

4. 安全性方面

Linux 内核的高效和稳定已在各个领域内得到了大量事实的验证。Linux 中大量的网络管理、网络服务等方面的功能,可使用户很方便地建立高效稳定的防火墙、路由器、工作站、服务器等。为提高安全性，它还提供了大量的网络管理软件、网络分析软件和网络安全软件等。

5. 网络支持方面

Linux是首先实现TCP/IP协议栈的操作系统，它的内核结构在网络方面是非常完整的，并提供了对包括十兆位、百兆位及千兆位的以太网，还有无线网络、令牌环网(Token Ring)和光纤甚至卫星的支持，这对现在依赖于网络的嵌入式设备来说，无疑是很好的选择。

1.1.2 Linux操作系统的安装

用户进行嵌入式Linux的应用开发时，首先要搭建一个主机开发环境，因为嵌入式Linux下的大部分开发工作都是在PC端开发完成的，一般嵌入式Linux开发环境有：①在Windows下安装虚拟机后，再在虚拟机中安装Linux操作系统；②直接安装Linux操作系统。

在Windows 10环境下安装VMware虚拟机软件，然后安装一个桌面版本的Ubuntu 14。Ubuntu是一个以桌面应用为主的Linux操作系统。

1. VMware虚拟机的安装

(1)首先安装好VMware 14，然后打开VMware，点击菜单栏中的“File”，选择“new virtual machine”选项，则会出现如图1-1所示的新建虚拟机向导欢迎界面，注意此处选择“自定义(高级)”选项，之后单击【下一步】按钮。

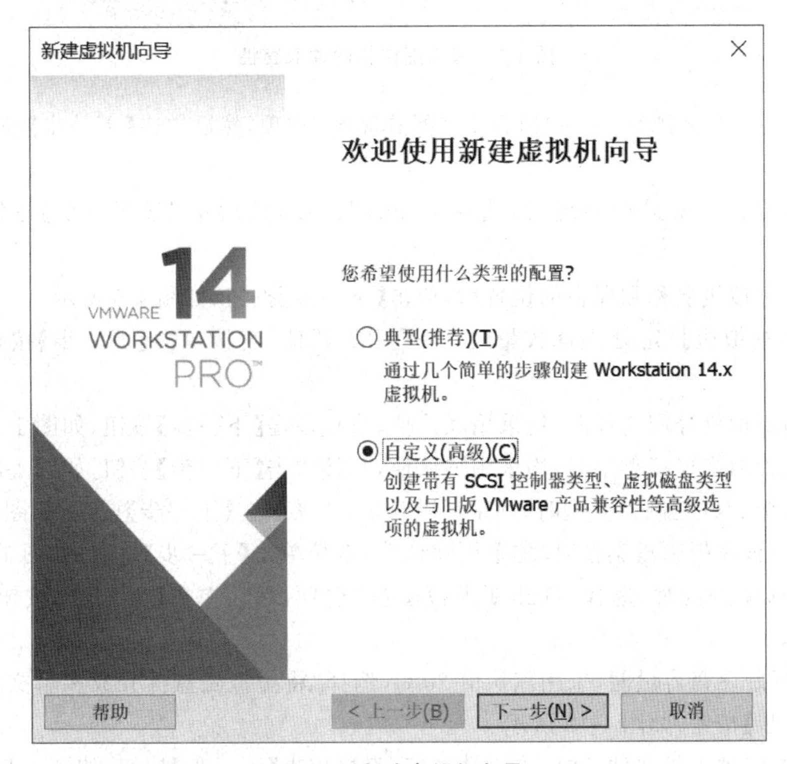

图1-1 新建虚拟机向导

(2)在设置虚拟机硬件兼容性时,硬件兼容性选择“Workstation 14. x”选项,然后单击【下一步】按钮,如图 1-2 所示。

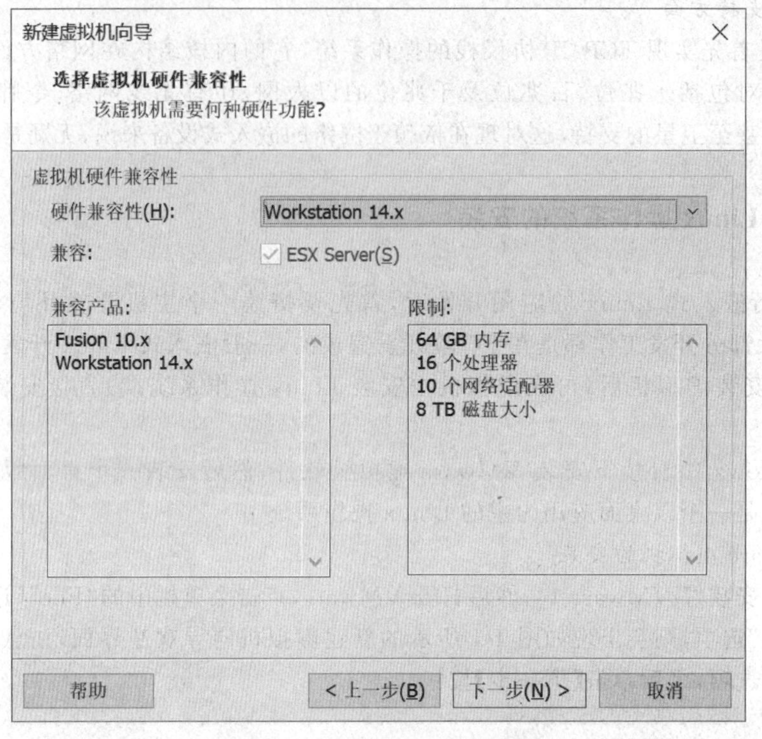

图 1-2 选择虚拟机硬件兼容性

(3)在设置安装来源时,选择“稍后安装操作系统”选项,然后单击【下一步】按钮,如图 1-3 所示。

(4)在设置客户机操作系统时,选择“Linux”选项,然后单击【下一步】按钮,如图 1-4 所示。

(5)确定虚拟机名称和保存的位置后,单击【下一步】按钮,如图 1-5 所示。

(6)在为虚拟机指定处理器数量时,均采用默认值,直接单击【下一步】按钮,如图 1-6 所示。

(7)在为虚拟机分配内存时,均采用默认值,直接单击【下一步】按钮,如图 1-7 所示。

(8)在设置网络连接类型时,均采用默认值,直接单击【下一步】按钮,如图 1-8 所示。

(9)在选择 I/O 控制器类型时,均采用默认值,直接单击【下一步】按钮,如图 1-9 所示。

(10)在设置虚拟磁盘类型时,均采用默认值,直接单击【下一步】按钮,如图 1-10 所示。

(11)在选择磁盘时,选择“创建新虚拟磁盘”选项,然后单击【下一步】按钮,如图 1-11 所示。

(12)在指定磁盘容量时,采用默认值 20 G,选择“将虚拟磁盘拆分成多个文件”选项,然后单击【下一步】按钮,如图 1-12 所示。

(13)在指定虚拟机文件名时,采用默认值,直接单击【下一步】按钮,如图 1-13 所示。

(14)查看创建虚拟机的相关设置,单击【完成】按钮,如图 1-14 所示。

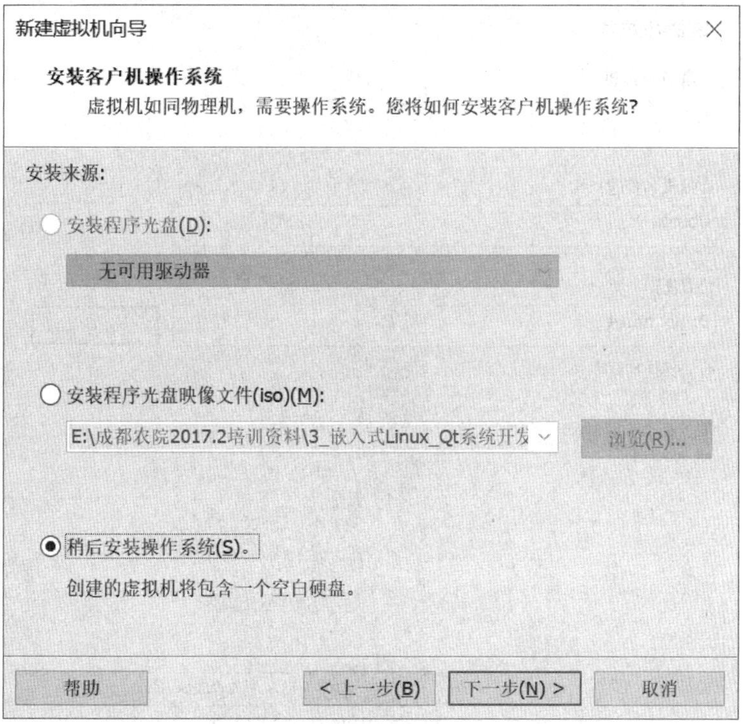

新建虚拟机向导

安装客户机操作系统

虚拟机如同物理机，需要操作系统。您将如何安装客户机操作系统?

安装来源:

安装程序光盘(D):

无可用驱动器

安装程序光盘映像文件(iso)(M):

E:\成都农院2017.2培训资料\3_嵌入式Linux_Qt系统开发

浏览(R)...

稍后安装操作系统(S)。

创建的虚拟机将包含一个空白硬盘。

帮助 < 上一步(B) 下一步(N) > 取消

图 1-3 安装客户机操作系统

新建虚拟机向导

选择客户机操作系统

此虚拟机中将安装哪种操作系统?

客户机操作系统

Microsoft Windows(W)

Linux(L)

Novell NetWare(E)

Solaris(S)

VMware ESX(X)

其他(O)

版本(V)

Ubuntu

帮助 < 上一步(B) 下一步(N) > 取消

图 1-4 选择客户机操作系统

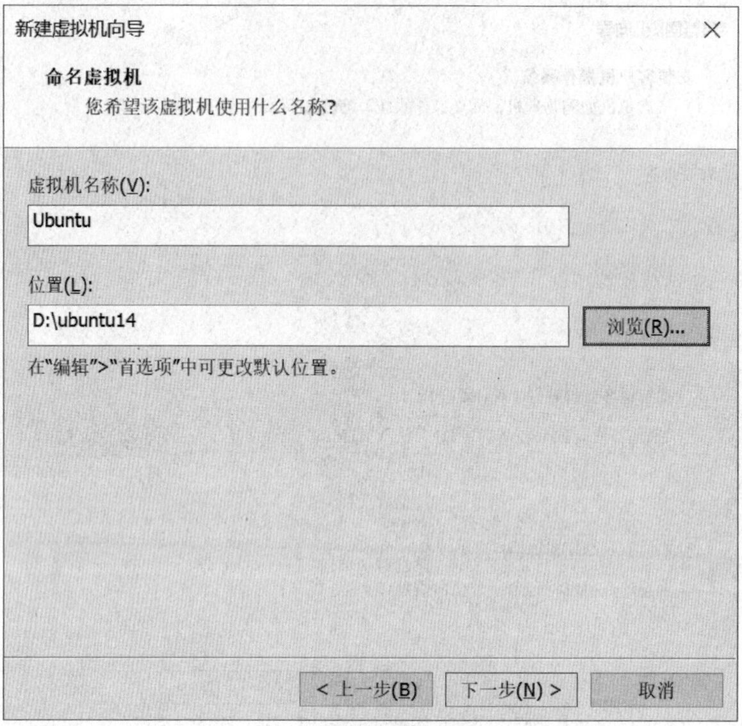

新建虚拟机向导

命名虚拟机

您希望该虚拟机使用什么名称?

虚拟机名称(V):

Ubuntu

位置(L):

D:\ubuntu14

浏览(R)...

在"编辑">"首选项"中可更改默认位置。

< 上一步(B) 下一步(N) > 取消

图 1-5　命名虚拟机

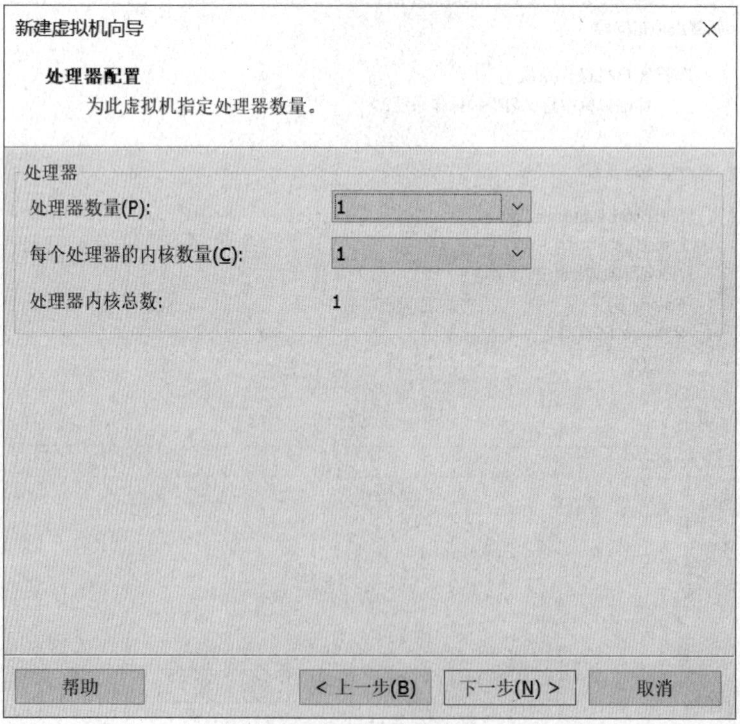

新建虚拟机向导

处理器配置

为此虚拟机指定处理器数量。

处理器

处理器数量(P): 1

每个处理器的内核数量(C): 1

处理器内核总数: 1

帮助 < 上一步(B) 下一步(N) > 取消

图 1-6　处理器配置

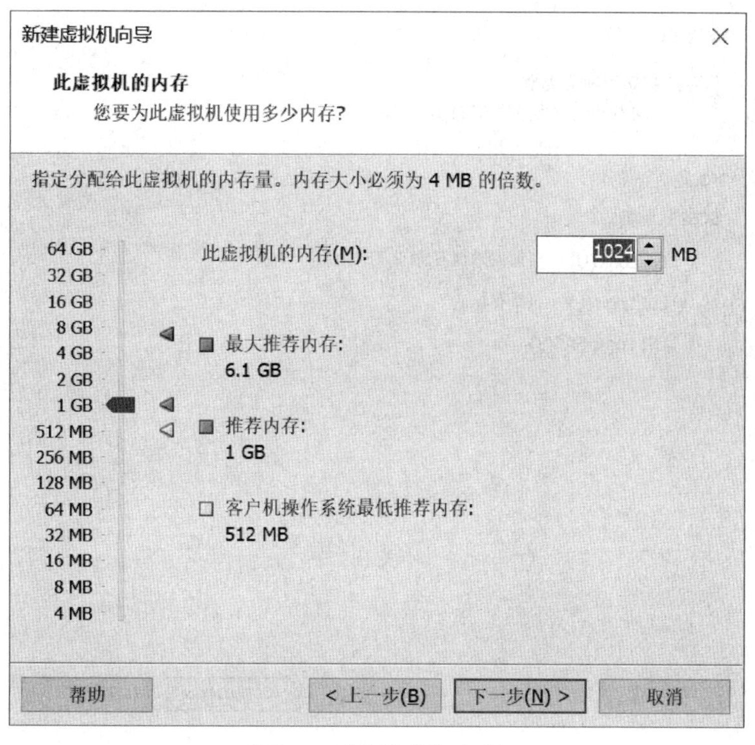

图 1-7　分配虚拟机内存

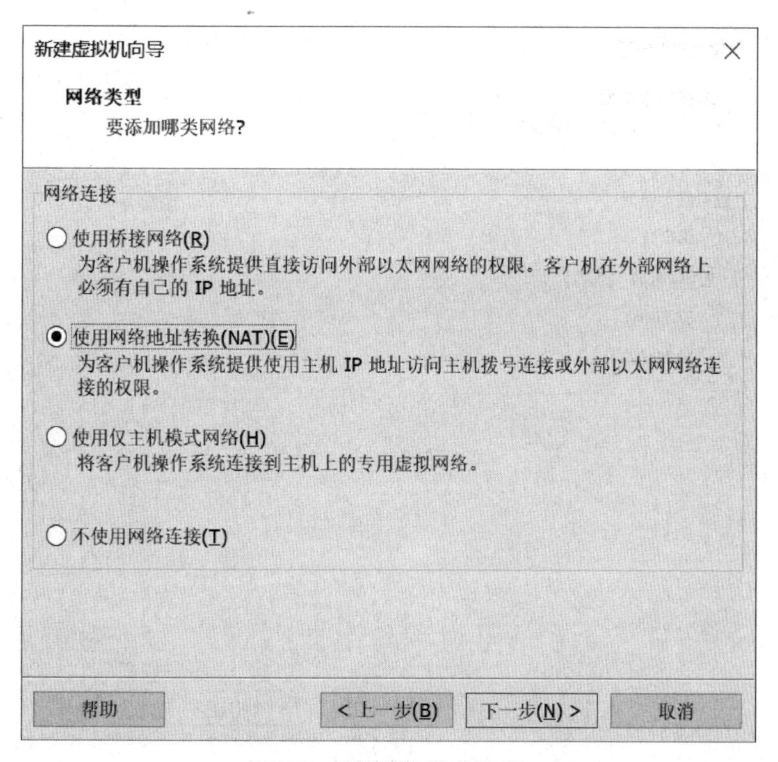

图 1-8　设置网络连接类型

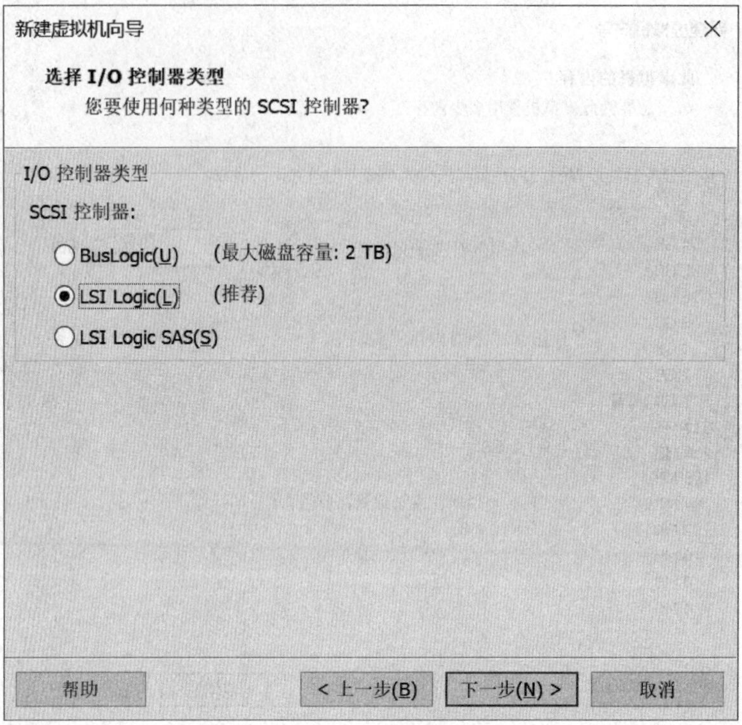

新建虚拟机向导

选择 I/O 控制器类型

您要使用何种类型的 SCSI 控制器?

I/O 控制器类型

SCSI 控制器:

○ BusLogic(U)　(最大磁盘容量: 2 TB)

◉ LSI Logic(L)　(推荐)

○ LSI Logic SAS(S)

帮助　< 上一步(B)　下一步(N) >　取消

图 1-9　选择 I/O 控制器类型

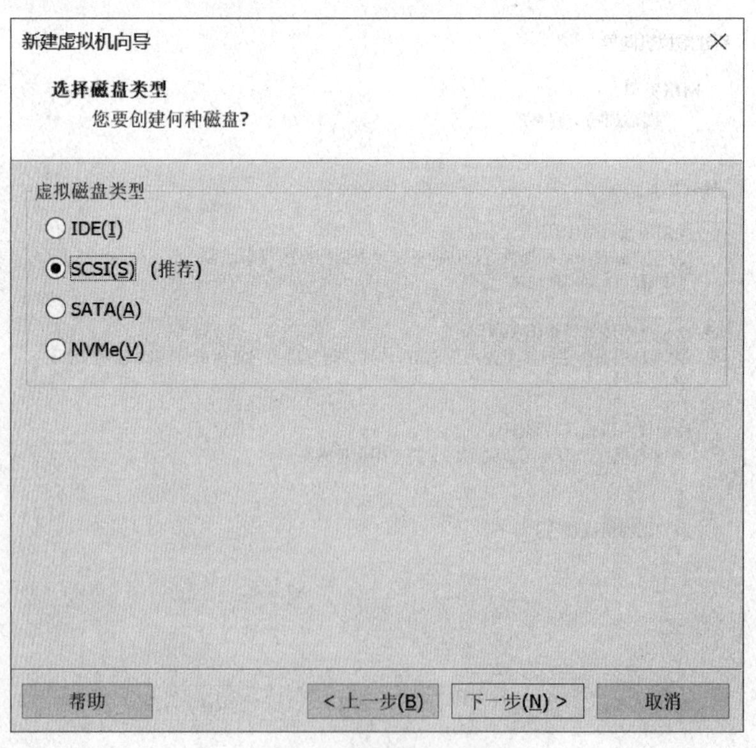

图 1-10　设置虚拟磁盘类型

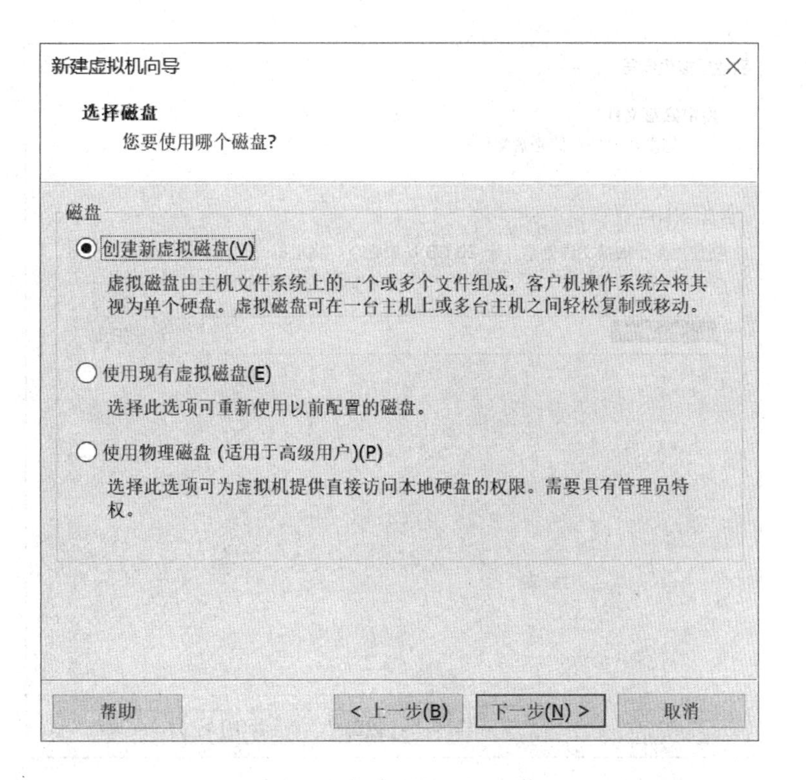

图 1-11　创建新的虚拟磁盘

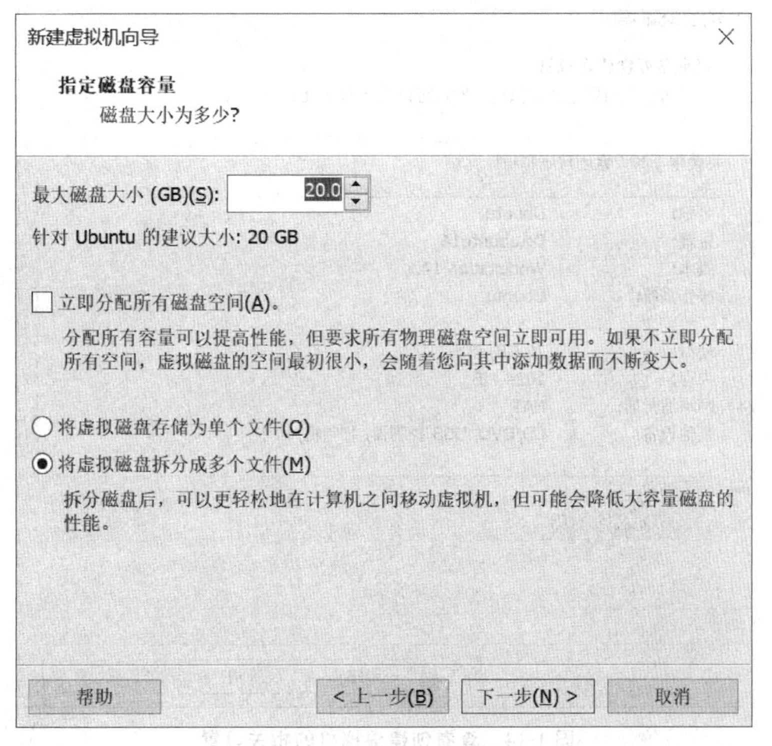

图 1-12　指定磁盘容量

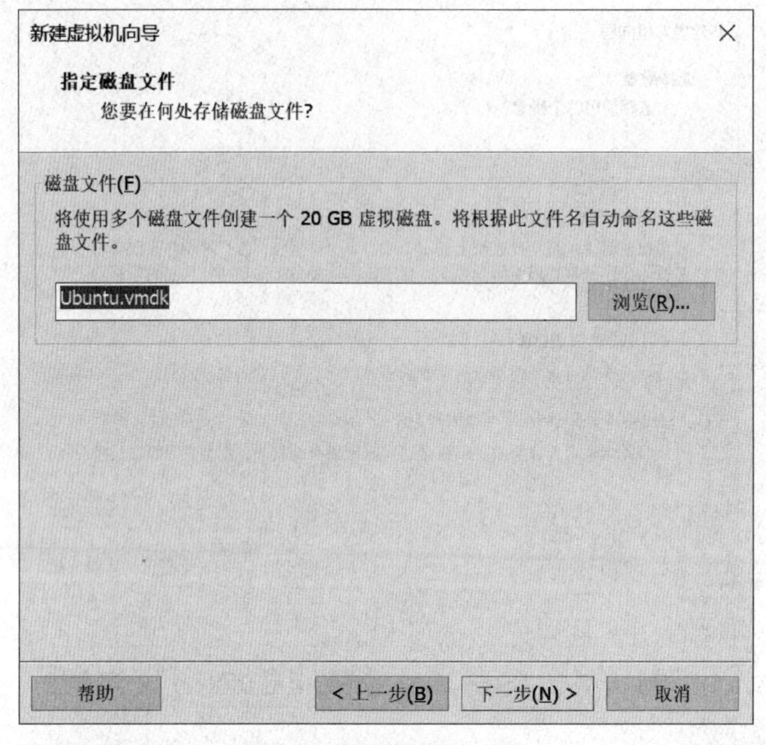

图 1-13　指定虚拟机文件名

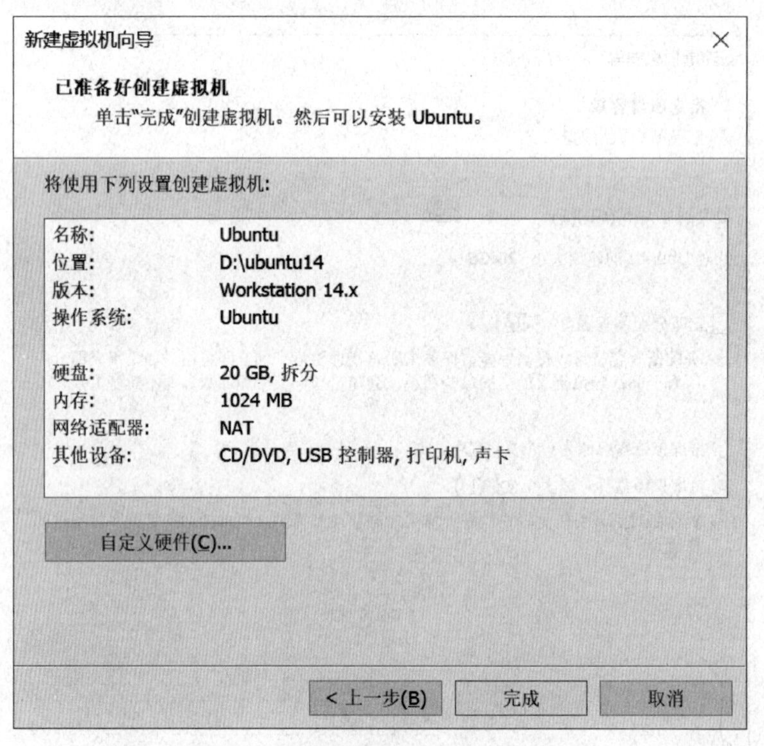

图 1-14　查看创建虚拟机的相关设置

2. Ubuntu 系统安装

(1)在虚拟机设置中使用 Ubuntu 的 iso 镜像文件,设置设备状态时勾选“启动时连接”选项,然后单击【确定】按钮,如图 1-15 所示。

(2)在欢迎界面中,选择“中文(简体)”选项,然后单击【安装 Ubuntu】按钮,如图 1-16 所示。

(3)确认当前的磁盘空间和网络连接后,单击【继续】按钮,如图 1-17 所示。

(4)在设置安装类型时,选择“清除整个磁盘并安装 Ubuntu”选项,然后单击【现在安装】按钮,如图 1-18 所示。

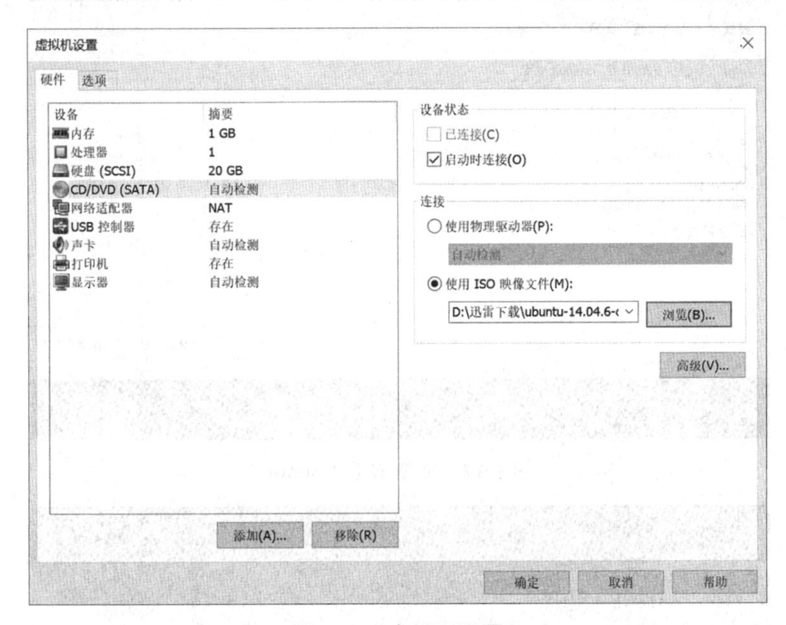

图 1-15 虚拟机设置

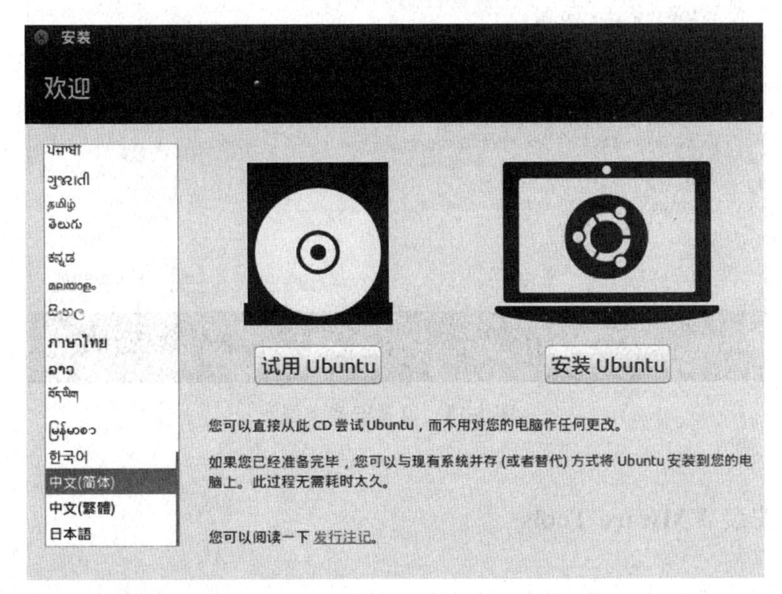

图 1-16 选择安装中文版本

(5)选择完时区后，单击【继续】按钮，如图 1-19 所示。

(6)设置键盘布局时，选择“汉语”选项，然后单击【继续】按钮，如图 1-20 所示。

(7)登录用户名称与登录密码设置完毕后，单击【继续】按钮，如图 1-21 所示。

(8)完成以上操作之后，系统会自动开始系统文件的复制，并引导安装好 Ubuntu，如图 1-22 所示。

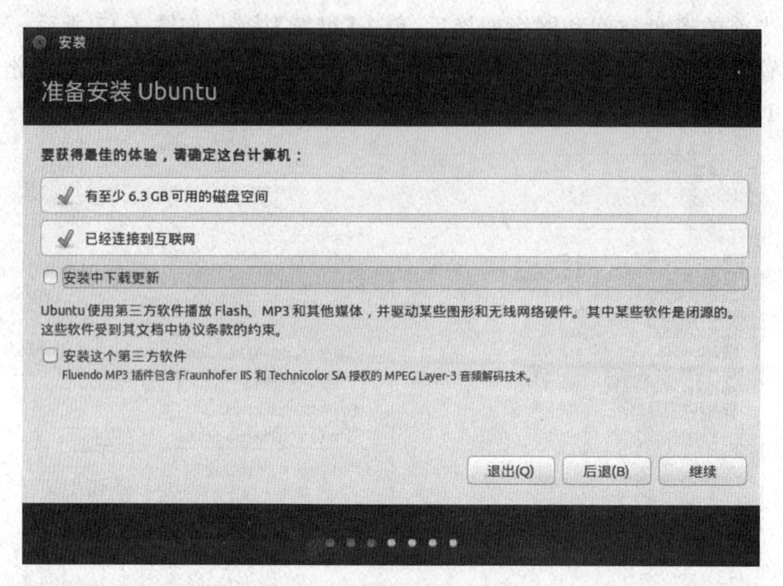

图 1-17 准备安装 Ubuntu

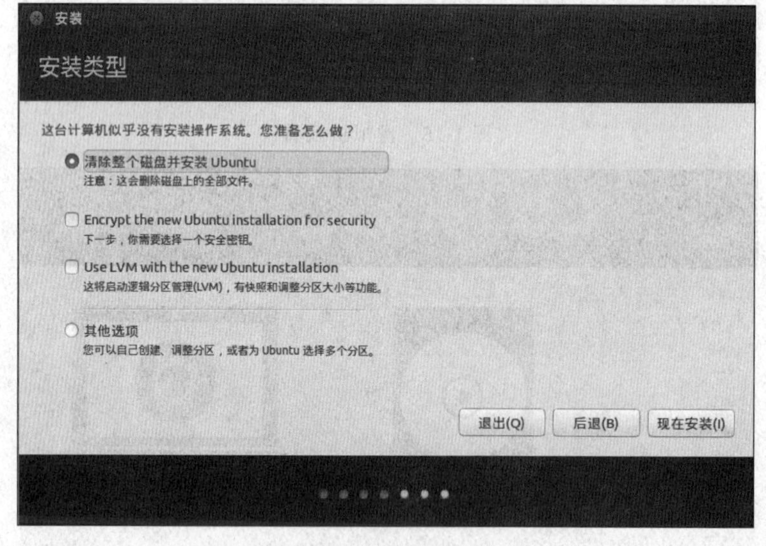

图 1-18 设置安装类型

1.1.3 安装 VMware Tools

安装完 Ubuntu 系统之后，用户必须使用 Ctrl+Alt 组合键才能在虚拟系统和现实系统间进行切换，这样使用起来极不方便。而 VMware Tools 可用于解决虚拟机的分辨率问题，改善鼠标的性能，以及将虚拟机的剪贴板内容直接粘贴到宿主机中。VMware Tools 是通过光盘镜像的方式加载到操作系统中运行安装的，下面详细介绍 VMware Tools 的安装过程。

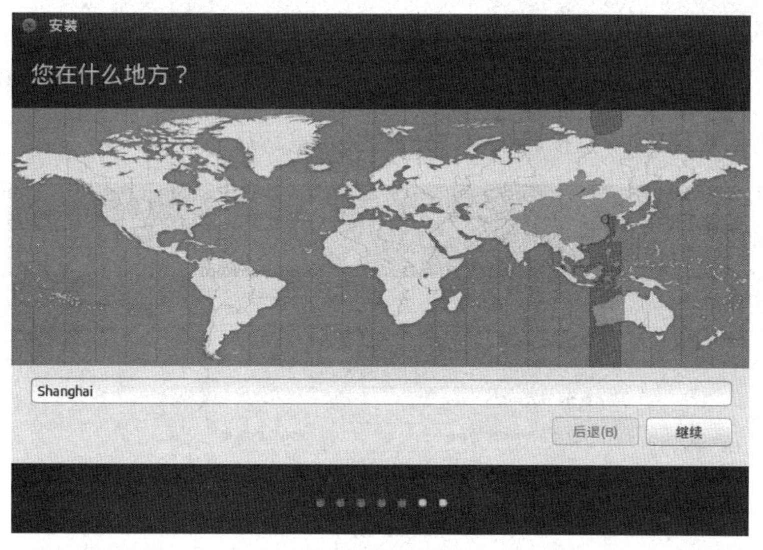

图 1-19　选择时区

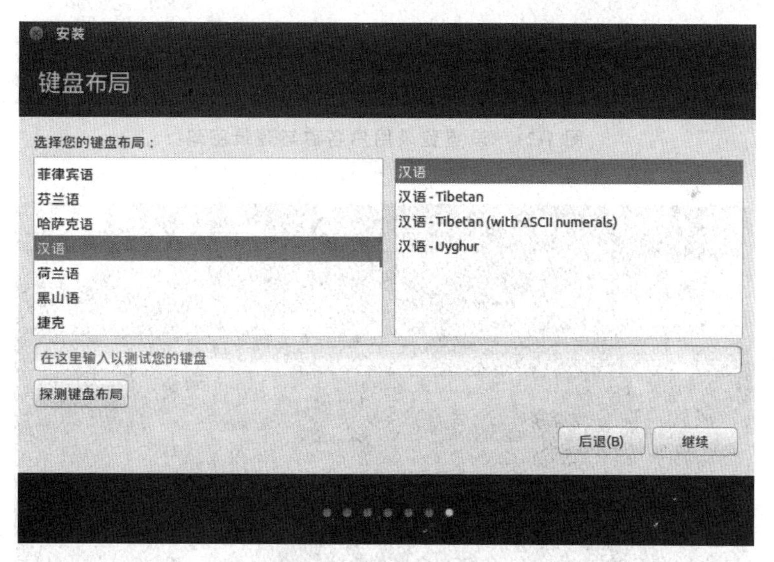

图 1-20　设置键盘布局

(1)打开 VMware Workstation，依次选择“菜单虚拟机”“安装 VMware Tools 命令”选项。

(2)进入到/media/sa/VMware Tools 目录下，把“VMwareTools-10. 2. 5-8068393. tar. gz”复制到/home/sa 目录下，步骤如下：

```
sa@sa-virtual-machine:~ $ cd/media/sa/VMwareTools
sa@sa-virtual-machine:/media/sa/VMware Tools $ cp VMwareTools-10. 2. 5-8068393. tar. gz/home/sa
```

第 1 章　嵌入式 Linux 应用基础

```
sa@sa-virtual-machine:/media/sa/VMware Tools$ cd
sa@sa-virtual-machine:~$ sudo tar xzvf VMwareTools-10.2.5-8068393.tar.gz
sa@sa-virtual-machine:~$ cd vmware-tools-distrib
sa@sa-virtual-machine:~/vmware-tools-distrib$ sudo./vmware-install.pl
```

基本采用默认设置，一直按回车键。完成之后，重新启动系统。

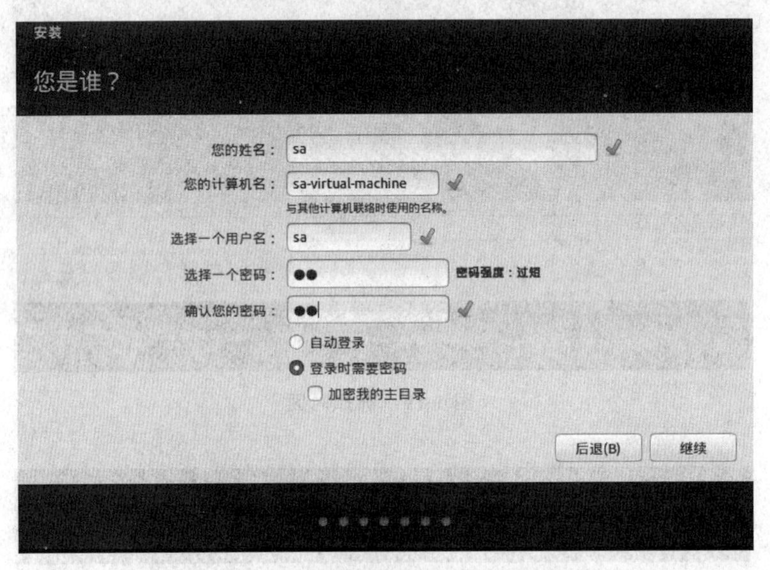

图 1-21　设置登录用户名称与登录密码

图 1-22　系统文件的复制

1.1.4 设置共享文件夹

(1)依次点击 VMware 菜单下的“虚拟机”“设置”“选项”,则会出现如图 1-23 所示的界面。首先在左侧选项列表中选择“共享文件夹”。其次在右侧的文件夹共享中选择“总是启用”单选钮。然后点击【添加】按钮,选择 Windows 系统中的文件夹,如下图 1-23 中的“D:\share”,共享文件夹的名称为“share”。最后单击【确定】按钮即可。

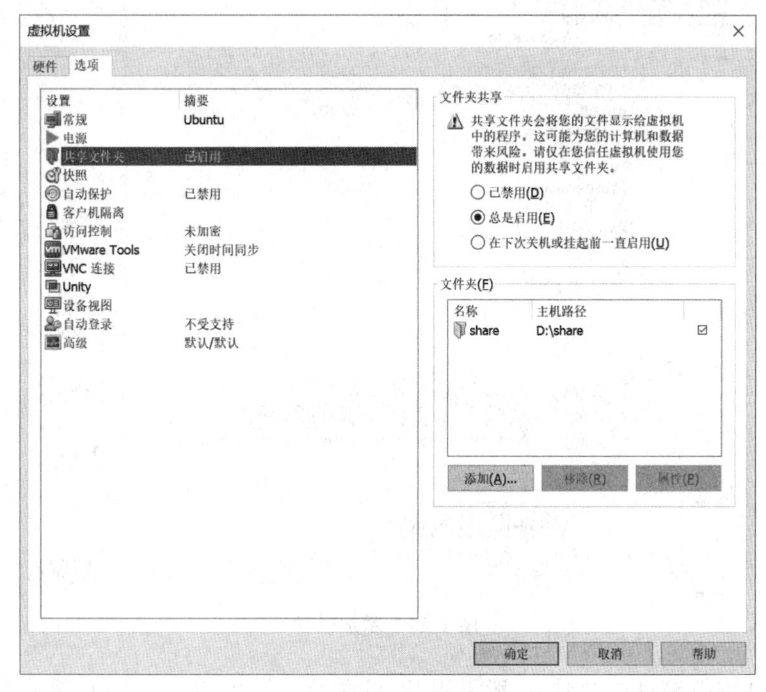

图 1-23　设置共享文件夹

(2)打开终端,进入/mnt/hgfs/share 目录,输入命令 ls,可以查看 Windows 系统“D:\share”目录下的文件,如图 1-24 所示。

```
sa@sa-virtual-machine: /mnt/hgfs/share
sa@sa-virtual-machine:~$ cd /mnt/hgfs/share/
sa@sa-virtual-machine:/mnt/hgfs/share$ ls
linux_qt_proj  QtCreator  stuqt.tar.gz  udisk1.sh
sa@sa-virtual-machine:/mnt/hgfs/share$
```

图 1-24　使用共享文件夹

1.1.5 硬盘扩容

1. *添加硬盘*

Ubuntu 安装时设置的虚拟硬盘容量可能较小,需要添加新的硬盘进行扩容。首先关闭 Ubuntu 系统。然后点击 VMware 菜单下的“虚拟机”“设置”“硬件”。

(1)在硬件列表中选择“硬盘”,单击【添加】按钮,然后在硬件类型列表中选择“硬盘”选项,单击【下一步】按钮,如图 1-25 所示。

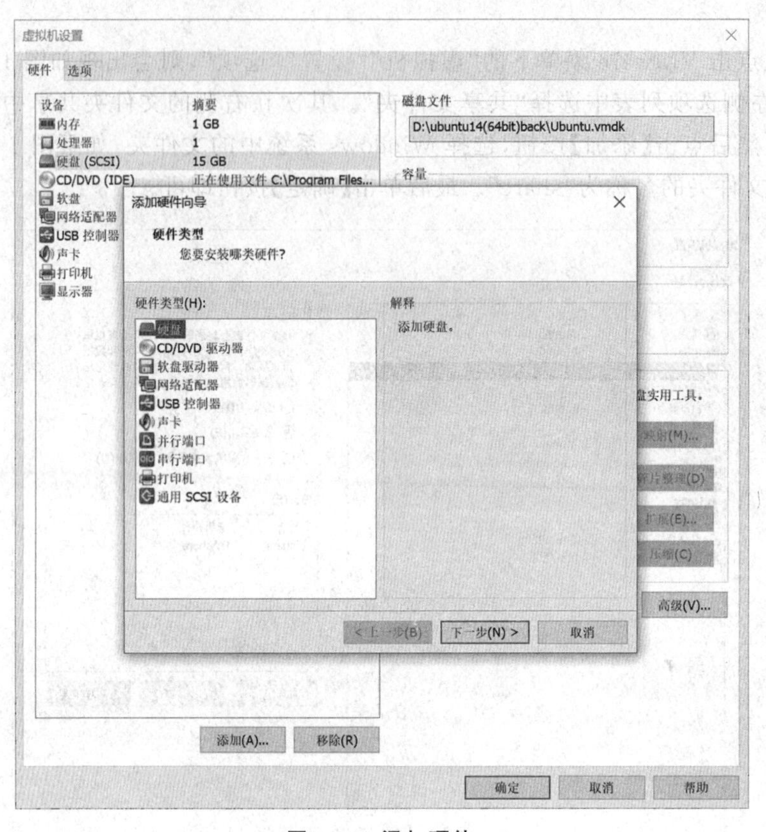

图 1-25　添加硬件

(2)在选择虚拟磁盘类型时,一般采用 SCSI 类型,选择“SCSI”选项,然后单击【下一步】按钮,如图 1-26 所示。

(3)选择“创建新虚拟磁盘”选项,单击【下一步】按钮,如图 1-27 所示。

(4)在指定磁盘容量大小时,最大磁盘大小可设为 10 GB,勾选“立即分配所有磁盘空间”选项,选择“将虚拟磁盘拆分成多个文件”,然后单击【下一步】按钮,如图 1-28 所示。

(5)在磁盘文件名和存储位置设置完毕后,单击【完成】按钮即可,如图 1-29 所示。

2. 硬盘格式化与挂载

(1)了解虚拟磁盘名及分区情况。重启系统,切换到管理员 root,输入命令 fdisk　-1,如图 1-30 所示,新添加的第二块虚拟硬盘是/dev/sdb,容量是 10.7 GB,目前还没有有效的分区表。

(2)硬盘分区。输入命令 fdisk/dev/sdb,进入 fdisk 操作环境。首先输入命令 m,了解可以使用的命令。然后输入命令 n,添加新的分区:①选择分区类型,这里 p 代表主分区,e 代表扩展分区,采用默认的选项“Select(default p):p”;②设置分区号,默认为 1;③设置起始 sector,使用默认值 2 048;④设置 last sector,+扇区的格式可以指定让系统自动计算分区大小,也可以直接用+size{K,M,G}的格式设置新分区的大小,这里直接使用默认值。最后输入 w 保存设置并退出 fdisk 环境,详见图 1-31。

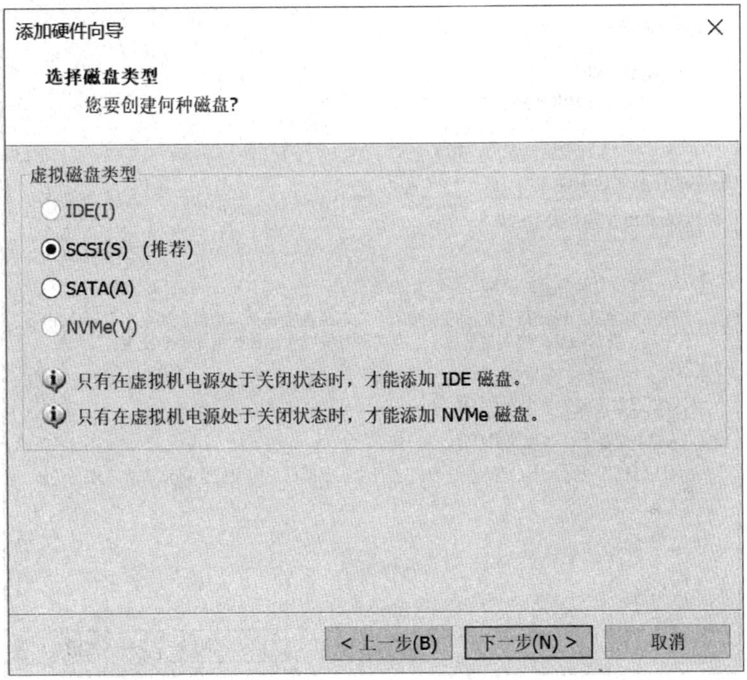

添加硬件向导

选择磁盘类型

您要创建何种磁盘?

虚拟磁盘类型

IDE(I)

SCSI(S) (推荐)

SATA(A)

NVMe(V)

只有在虚拟机电源处于关闭状态时，才能添加 IDE 磁盘。

只有在虚拟机电源处于关闭状态时，才能添加 NVMe 磁盘。

< 上一步(B)　下一步(N) >　取消

图 1-26　选择硬盘类型

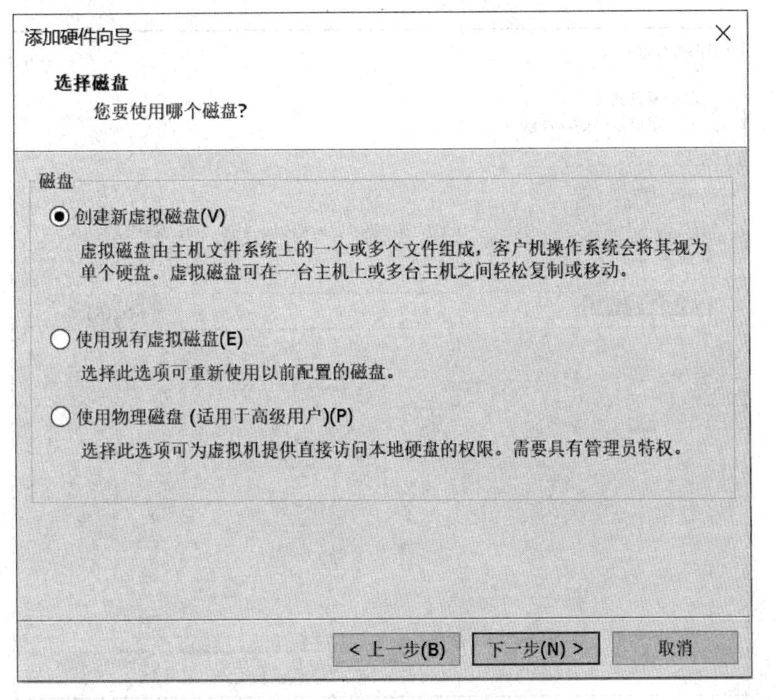

图 1-27　创建新虚拟磁盘

```
#  fdisk/dev/sdb
```

(3)格式化分区。对新分区进行格式化操作,文件系统采用 ext3。

```
#  mke2fs  -j  /dev/sdb1
```

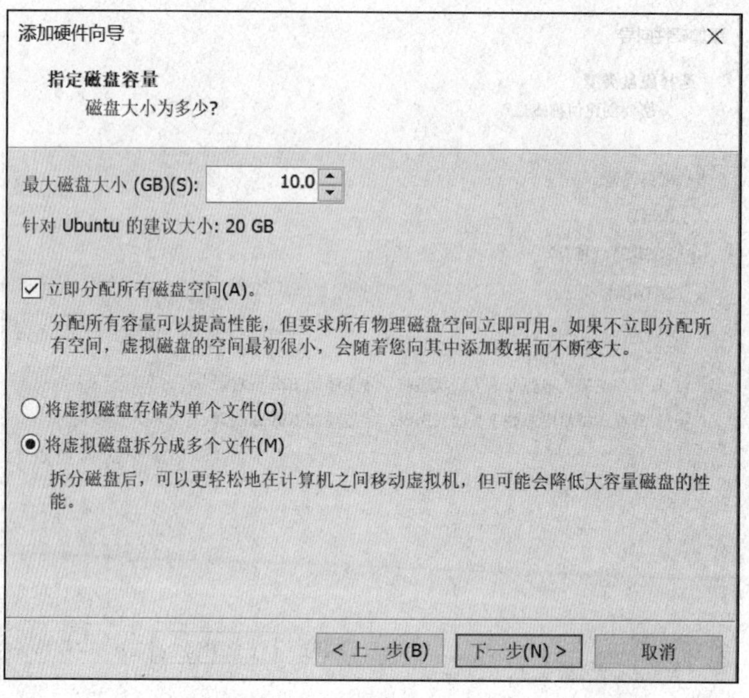

图 1-28　指定磁盘容量大小

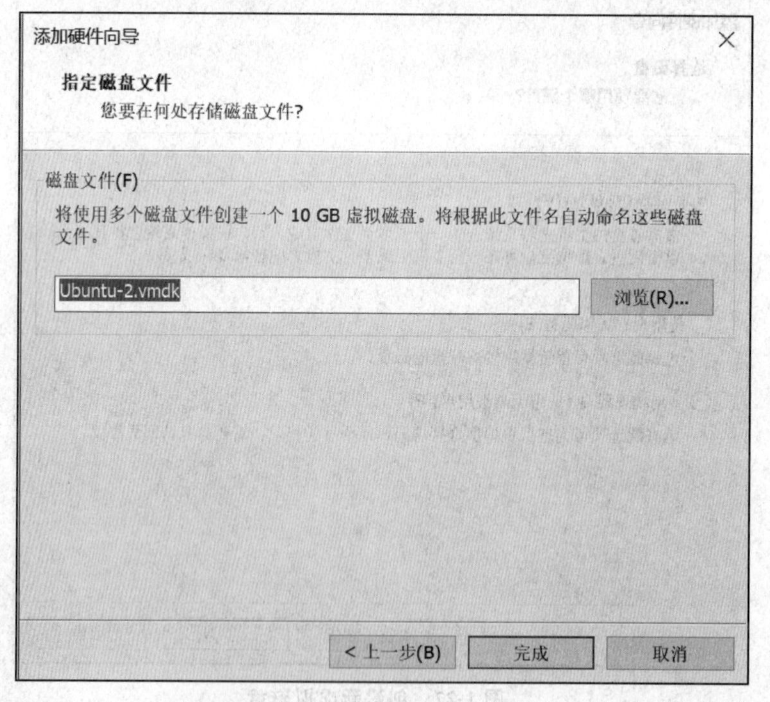

图 1-29　指定磁盘文件名和存储的位置

(4)挂载分区。首先输入命令 mkdir/student,创建挂载点。然后输入命令 mount/dev/sdb1/student 进行挂载操作。成功后可以依次输入 ls、/student,如果出现 lost+found 目录,表明新分区挂载成功,可以使用了,如图 1-32 所示。

```
root@sa-virtual-machine: /home/sa
[sudo] password for sa:
root@sa-virtual-machine:/home/sa# fdisk -l

Disk /dev/sda: 21.5 GB, 21474836480 bytes
255 heads, 63 sectors/track, 2610 cylinders, total 41943040 sectors
Units = 扇区 of 1 * 512 = 512 bytes
Sector size (logical/physical): 512 bytes / 512 bytes
I/O size (minimum/optimal): 512 bytes / 512 bytes
Disk identifier: 0x0009d7e3

   设备 启动      起点          终点     块数    Id  系统
/dev/sda1   *        2048    39845887    19921920   83  Linux
/dev/sda2        39847934    41940991     1046529    5  扩展
/dev/sda5        39847936    41940991     1046528   82  Linux 交换 / Solaris

Disk /dev/sdb: 10.7 GB, 10737418240 bytes
255 heads, 63 sectors/track, 1305 cylinders, total 20971520 sectors
Units = 扇区 of 1 * 512 = 512 bytes
Sector size (logical/physical): 512 bytes / 512 bytes
I/O size (minimum/optimal): 512 bytes / 512 bytes
Disk identifier: 0x00000000

Disk /dev/sdb doesn't contain a valid partition table
root@sa-virtual-machine:/home/sa#
```

图 1-30　虚拟磁盘名及分区情况

```
root@sa-virtual-machine: /home/sa
   n   add a new partition
   o   create a new empty DOS partition table
   p   print the partition table
   q   quit without saving changes
   s   create a new empty Sun disklabel
   t   change a partition's system id
   u   change display/entry units
   v   verify the partition table
   w   write table to disk and exit
   x   extra functionality (experts only)

命令(输入 m 获取帮助)： n
Partition type:
   p   primary (0 primary, 0 extended, 4 free)
   e   extended
Select (default p): p
分区号 (1-4，默认为 1)：
将使用默认值 1
起始 sector (2048-20971519，默认为 2048)：
将使用默认值 2048
Last sector, +扇区 or +size{K,M,G} (2048-20971519，默认为 20971519)：
将使用默认值 20971519

命令(输入 m 获取帮助)：
```

图 1-31　硬盘分区

```
root@sa-virtual-machine: /student
root@sa-virtual-machine:/home/sa# mount /dev/sdb1 /student
root@sa-virtual-machine:/home/sa# cd /student/
root@sa-virtual-machine:/student# ls
lost+found
root@sa-virtual-machine:/student#
```

图 1-32　挂载分区

1.1.6　vim 编辑器的安装与使用

1. 安装 vim

vi 是 Linux 的命令行界面的文本编辑器。vim 可以说是 vi 的高级版。所有的 Linux 默认都安装了 vi。vim 需要单独安装，安装命令如下所示。

```
sa@sa-virtual-machine:~$ sudo apt-get install vim
```

vim 编辑器的 3 种模式：底行模式、编辑模式和命令行模式。在命令行模式中可以进行字符的删除、复制和粘贴的功能，但是无法编辑文件内容。从命令行模式切换到编辑模式可以按下 i、I、o、O、a、A、r、R 键。按下 Esc 键可以回到命令行模式。在命令行模式中输入“:”“/”“?”3 个中的任意一个，可以将光标移到最下面的一行，进入底行模式。底行模式中可以提供查找数据的操作，如读取、保存、大量替换字符、离开 vi、显示行号等操作。

2. 命令行模式下的常用命令

(1)移动光标的方法。

Ctrl+F　屏幕向下移动一页，相当于 PageDown 键。

Ctrl+B　屏幕向上移动一页，相当于 PageUp 键。

0 或功能键 Home　移动到这一行的最前面字符处。

$ 或功能键 End　移动到这一行的最后面字符处。

G　移动到这个文件的最后一行。

gg　移动到这个文件的第一行，相当于 1 G。

N Enter　N 为数字，光标向下移动 N 行。

(2)查找和替换。

/word　向下寻找一个名称为 word 的字符串。

? word　向上寻找一个名称为 word 的字符串。

:n1,n2s/word1/word2/g　在第 n1 行和 n2 行之间寻找 word1 这个字符串，并将其替换为 word2。

:1,$ s/word1/word2/g　从第一行到最后一行寻找 word1 这个字符串，并将其替换为 word2。

:1,$ s/word1/word2/gc　从第一行到最后一行寻找 word1 这个字符串，并将其替换为 word2，且在替换前显示提示字符给用户确认是否需要替换。

(3)删除、复制和粘贴。

x,X　在一行字中，x 为向后删除一个字符(相当于 Del 键)，X 为向前删除一个字符(相当于 Backspace 键)。

dd　删除光标所在的一整行。

ndd　删除光标所在的向下 n 行。

yy　复制光标所在的一行。

nyy　复制光标所在的向下 n 行。

p,P　p 为将已复制的内容在光标的下一行粘贴，P 则为粘贴在光标的上一行。

u　复原前一个操作。

Ctrl+R　重做上一个操作。

.　小数点，重复前一个操作。

(4)底行模式切换到编辑模式。

i,I　进入插入模式。i 为从目前光标所在处插入字符；I 为在目前所在行的第一个非空格字符处开始插入字符。

a,A　进入插入模式。a 为从目前光标所在处的下一个字符处开始插入字符;A 为从所在行的最后一个字符处开始插入字符。

o,O　进入插入模式。o 为在下一行插入字符;O 为在上一行插入字符。

r,R　进入替换模式。r 只替换光标所在字符一次;R 会一直替换光标所在字符,直到按下 Esc 键。

(5)底行模式切换到命令行模式。

:w　将编辑的数据写入硬盘中。

:q　离开 vi。:q!为强制离开 vi。

:wq　保存后离开 vi。:wq!为强制保存后离开 vi。

3. vim 的功能

(1)块选择。利用这个功能可以复制一个矩形区域的内容,十分方便。需要注意的是,粘贴的时候也是粘贴在一个块的范围内,而不是以行为单位进行处理。

v　字符选择,会将光标经过的地方反白选择。

V　行选择。

Ctrl+V　块选择。

y　复制反白的地方。

d　删除反白的地方。

(2)多文件编辑。在两个或多个文件之间复制、粘贴内容时,使用这个功能会方便很多。使用命令 vim name1 name2 name3…(各个文件名之间用空格隔开)可以同时打开多个文件。

:n　编辑下一个文件。

:N　编辑上一个文件。

:files　列出目前 vim 打开的所有文件。

(3)多窗口功能。vim 可以在一个窗口中打开多个文件。输入命令:sp{filename}便可以实现这个功能,如果想要在新窗口启动另外一个文件,则加入文件名;如果省略文件名,则打开的是同一个文件。输入命令:q 则可以退出新窗口。其他的按键功能如下。

Ctrl+W+J　先按下 Ctrl 不放,再按下 W 后放开所有的按键,再按下 J(或向下箭头键),则光标可以移到下方的窗口。

Ctrl+W+K　操作同上,光标移到上面的窗口。

(4)vim 环境设置。需要注意的是,vim 会将用户以前的行为都记录下来,保存在文件"~/.viminfo"中,以方便操作。vim 常用的环境设置参数命令如下。

:set nu　设置行号。

:set nonu　取消行号。

:set hlsearch　设置高亮度查找。

:set nohlsearch　取消高亮度查找。

:set backup　自动备份文件。

:set ruler　开启右下角状态栏说明。

:set showmode　显示左下角的 INSERT 之类的状态栏。

:set backspace={0,1,2}　设置退格键功能。其值为 2 时,可以删任意字符;值为 0 或 1 时,仅可以删除刚才输入的字符。

:set all　显示目前所有的环境参数值。

:set　显示与系统默认值不同的参数值。

:syntax on/off　on 表示开启依据相关程序语法显示不同的颜色,off 表示不开启。

:set bg=dark/light　dark 表示显示不同的颜色色调,light 表示不显示。

可以通过配置文件来直接规定用户习惯的 vim 操作环境。整体 vim 的设置值一般是放在/etc/vimrc 中,一般不要修改这个文件;可以通过修改"~/. vimrc"这个文件,如果不存在,可以手动创建,然后将用户所希望的设置值写入。例如,可以这样写:

```
vim~/. vimrc
set hlsearch(注意:set 前面也可以加冒号,结果一样)
set backspace = 2
set ruler
set showmode
set nu
syntax on
```

创建并保存这个文件之后,当下次重新以 vim 编辑某个文件时,该文件的默认环境就是这么设置的。

1.2　shell 编程

【目的与要求】

- 掌握常用的目录管理命令
- 掌握文件管理命令
- 掌握网络管理命令
- 掌握系统管理命令
- 掌握 shell 编程的基本语法

shell 是一个用 C 语言编写的程序,它是用户使用 Linux 的桥梁。shell 既是一种命令语言,又是一种程序设计语言。shell 是指一种应用程序,这个应用程序提供了一个界面,用户可以通过这个界面访问操作系统内核的服务。shell 脚本(shell script)是一种为 shell 编写的脚本程序。

1.2.1　shell 基础

当一个用户登录 Linux 系统之后,系统初始化程序 init 就为每一个用户运行一个被称为 shell(外壳)的程序。那么,shell 是什么呢? shell 就是一个命令行解释器,它为用户提供了一个向 Linux 内核发送请求以便运行程序的界面系统级程序,用户可以用 shell 来启动、挂起、停止甚至是编写一些程序。

当用户使用 Linux 时，是通过命令来完成所需工作的。一个命令就是用户和 shell 之间对话的一个基本单位，它是由多个字符组成并以换行结束的字符串。

其实作为命令语言交互式地解释和执行用户输入的命令只是 shell 功能的一个方面，shell 还可以用来进行程序设计，它提供了定义变量和参数的手段以及丰富的程序控制结构。使用 shell 编程，类似于 DOS 中的批处理文件，称为 shell script，又叫 shell 程序或 shell 命令文件。

1. 输入、输出重定向

在 Linux 中，每一个进程都有 3 个特殊的文件描述指针：标准输入（standard input，文件描述指针为 0）、标准输出（standard output，文件描述指针为 1）、标准错误输出（standard error，文件描述指针为 2）。这 3 个特殊的文件描述指针使进程在一般情况下接收标准输入终端的输入，同时由标准终端来显示输出，Linux 也同时向使用者提供可以使用的普通文件或管道来取代这些标准输入、输出设备。在 shell 中，使用者可以利用"〉"和"〈"来进行输入、输出重定向，如下所示。

command〉file　将命令的输出结果重定向到一个文件。

command〉&file　将命令的标准错误输出重定向到一个文件。

command〉〉file　将标准输出的结果追加到文件中。

command〉〉&file　将标准输出和标准错误输出的结构都追加到文件中。

command〈file　利用输入重定向可以将所要输入的资料统一放入文件中，利用重定向一起输入。

2. 管道 pipe

pipe 同样可以在标准输入、输出和标准错误输出间做代替工作，这样一来，可以将某一个程序的输出结果用于另一个程序的输入，其语法如下。

```
command1| command2[| command3…]
```

也可以连同标准错误输出一起送入管道：

```
command1| &command2[| & command3…]
```

3. 前台和后台

在 shell 下面，一个新产生的进程可以通过用命令后面的符号";"和"&"，分别以前台和后台的方式来执行，语法如下。

command　产生一个前台的进程，下一个命令须等该命令运行结束后才能输入。

command &　产生一个后台的进程，此进程在后台运行的同时，可以输入其他的命令。

4. Bash shell 的环境变量

环境变量是 shell 本身的一组用来存储系统信息的变量，用户可以通过 shell 的环境变量了解 shell 的一些特性。环境变量的名称以"$"开头，要使用 shell 环境变量，必须在变量名前加上一个"$"符号而不能直接使用变量名。

/etc 目录下的 bashrc 文件列出了 Bash shell 的内容，使用命令 more 可以查看该文件的内容。从 bashrc 文件的前 4 行内容可以知道，关于环境变量的信息在/etc/profile 文件中。

下面将对这些环境变量及其设置作简单介绍。

(1)HOME:用户主目录的全路径名。主目录,是用户登录时默认的当前工作目录。在默认情况下,普通用户的主目录为/home/用户名,root 用户的主目录为/root。不管当前路径在哪里,都可以通过命令 cd $HOME 返回到用户的主目录。

(2)LOGNAME:当前登录的用户名。系统通过 LOGNAME 变量确认当前用户是否是文件的所有者,是否有权执行某个命令等。

(3)PATH:shell 从中查找命令或程序的目录列表,它是一个非常重要的 shell 变量。PATH 变量包含有带冒号分界符的路径字符串,这些字符串指向含有用户使用命令或程序名的目录。PATH 变量中的字符串顺序决定了先从哪个目录查找。PATH 环境变量的功能和用法与 DOS 系统、Windows 系统几乎完全相同。

(4)PS1:这个变量用于设定 shell 的基本提示符,即 shell 在准备接受命令时显示的字符串,其一般被设为 PSl="[\u@\h \w]\\ $"。这样设置的结果是输出"[用户名@主机名 当前目录]$"。

以上的设置中用了一些格式化的字符串,在每一个格式化的字符前面必须有一个反斜线来将后面的字符转义。下面是一些格式化字符串的含义。

\u 登录的用户名称。

\h 主机的名称。

\t 当时的时间。

\d 当前的日期。

\! 显示该命令的历史记录编号。

\# 显示当前命令的编号。

\$ 显示"$"作为命令提示符,如果是 root 用户则显示为"#"。

\\ 显示反斜杠。

\n 换行。

\s 显示当前运行的 shell 的名字。

\W 显示当前工作目录的名字。

\w 显示当前工作目录的路径。

PS1 变量的值也可以修改。如果想在提示符中显示当前的工作目录,可以把 PS1 修改为:PS1="$ {PWD}〉"。如果用户的当前工作目录为/usr/bin,这时的提示符为:/usr/bin〉。

(5)PWD:当前的工作目录的路径。

(6)SHELL:当前使用的 shell 和 shell 放在的位置。

(7)ENV:Bash 环境文件。

(8)TERM:定义终端的类型,否则 vi 编辑器会不能正常使用。

(9)OLDPWD:先前的工作目录。

5. 位置参数

位置参数是一种在调用 shell 程序的命令行中按照各自的位置决定的变量,是在程序名之后输入的参数。位置参数之间用空格分隔,shell 取第一个位置参数替换程序文件中的"$1",第二个替换"$2",依此类推。"$0"是一个特殊的变量,它的内容是当前这个 shell 程序的文件名,所以,"$0"不是一个位置参数,在显示当前所有的位置参数时是不包括"$0"的。

6. 预定义变量

预定义变量和环境变量类似，也是在 shell 一开始时就定义了的变量。不同的是，用户只能根据 shell 的定义来使用这些变量，而不能重定义它。所有预定义变量都是由“$”和另一个符号组成的，常用的 shell 预定义变量有：

$# 位置参数的数量。

$* 所有位置参数的内容。

$? 命令执行后返回的状态。

$$ 当前进程的进程号。

$! 后台运行的最后一个进程号。

$0 当前执行的进程名。

其中，“$?”用于检查上一个命令执行是否正确(在 Linux 中，命令退出状态为 0 时表示该命令正确执行，任何非 0 值均表示命令出错)，“$$”变量最常见的用途是用作临时文件的名字以保证临时文件不会重复。

7. 用户定义的环境变量

shell 允许用户自己定义变量，这些变量可以使用字符串或者数值赋值，其语法结构为：变量=字符串值或数值。如果用于赋值的字符串中包含空格符、制表符或换行符，则必须用单引号或双引号括起来。

系统设置的环境变量都是大写字母，但不是必须大写，自己定义时可以用小写字母。如果要取消自定义的变量及其值，使用的命令和格式是：unset变量名。

```
sa@sa-virtual-machine:~$ a=2
sa@sa-virtual-machine:~$ echo $a
```

2

```
sa@sa-virtual-machine:~$ unset a
sa@sa-virtual-machine:~$ echo $a
```

另外，在引用变量时，可以用花括号“{}”将变量括起来，这样便于保证变量和它后面的字符分隔开。

```
sa@sa-virtual-machine:~$ a='This is a t'
sa@sa-virtual-machine:~$ echo"${a}est for string."
```

This is a test for string.

虽然不同的 shell 拥有不同的环境变量，但它们彼此间的差别并不大，要显示环境变量以及环境变量的值，需要使用 set 命令。如果仅想知道某一环境变量的值，可以使用命令 echo，并在环境变量前加“$”符号。

```
sa@sa-virtual-machine:~$ set
```

BASH=/bin/bash

BASHOPTS=checkwinsize:cmdhist:complete_fullquote:expand_aliases:extglob:extquote

```
:force_fignore:histappend:interactive_comments:progcomp:promptvars:sourcepath
BASH_ALIASES=()
BASH_ARGC=()
BASH_ARGV=()
BASH_CMDS=()
BASH_COMPLETION_COMPAT_DIR=/etc/bash_completion.d
BASH_LINENO=()
BASH_SOURCE=()
BASH_VERSINFO=([0]="4" [1]="3" [2]="11" [3]="1" [4]="release" [5]
="i686-pc-Linux-gnu")
BASH_VERSION='4.3.11(1)-release'
CLUTTER_IM_MODULE=xim
COLORTERM=gnome-terminal
COLUMNS=80
COMPIZ_BIN_PATH=/usr/bin/
COMPIZ_CONFIG_PROFILE=ubuntu
DBUS_SESSION_BUS_ADDRESS=unix:abstract=/tmp/dbus-YWOrenkOQs
DEFAULTS_PATH=/usr/share/gconf/ubuntu.default.path
DESKTOP_SESSION=ubuntu
DIRSTACK=()
………
```

8. 临时修改环境变量

可以直接使用“变量名=变量值”的方式给变量赋新值，如果希望给环境变量增加内容，可以使用“变量名=$变量:增加的变量值”的方式。

```
sa@sa-virtual-machine:~$  echo  $PATH
```

```
/usr/local/sbin:/usr/local/bin:/usr/sbin:/usr/bin:/sbin:/bin:/usr/games:/usr/local/games:/opt/FriendlyARM/toolschain/4.5.1/bin/
```

```
sa@sa-virtual-machine:~$ PATH=$PATH:/tmp
sa@sa-virtual-machine:~$ echo  $PATH
```

```
/usr/local/sbin:/usr/local/bin:/usr/sbin:/usr/bin:/sbin:/bin:/usr/games:/usr/local/games:/opt/FriendlyARM/toolschain/4.5.1/bin/:/tmp
```

9. 永久修改环境变量

使用上面介绍的方法修改环境变量，当系统再次启动时，所做的修改将被还原。解决这个问题的方法是修改/etc/profile文件，代码如下。

```
sa@sa-virtual-machine:~$  sudo vim  /etc/profile
```

10. Bash shell 的特殊控制字符

Bash shell 提供了许多的控制字符及特殊字符，用来简化命令行的输入。

(1)Ctrl＋U 组合键:删除光标所在的命令行。

(2)Ctrl＋J 组合键:相当于 Enter 键。

(3)如果在命令行中使用了一对单引号('),shell 将不解释被单引号括起来的内容。

(4)使用两个倒引号(`)引用命令,替换命令执行的结果。

(5)分号(;)可以将两个命令隔开,实现在一行中输入多个命令。与管道不同,多重命令是顺序执行的,第一个命令执行结束后,才执行第 2 个命令,依此类推。

1.2.2 shell 编程语法基础

shell 的基本语法主要就是如何输入命令运行程序,以及如何在程序之间通过 shell 的一些参数提供便利手段来进行通信。

1.2.2.1 shell 程序设计的流程控制

和其他高级程序设计语言一样,shell 提供了用来控制程序执行流程的命令,包括条件分支和循环结构,用户可以用这些命令建立非常复杂的程序。与传统语言不同的是,shell 用于指定条件值的不是布尔表达式,而是命令和字符串。

1. test 测试命令

test 测试命令用于检查某个条件是否成立,它可以进行数值、字符和文件 3 个方面的测试,其测试符和相应的功能如下所示。

(1)数值测试。

-eq 等于则为真。

-ne 不等于则为真。

-gt 大于则为真。

-ge 大于等于则为真。

-lt 小于则为真。

-le 小于等于则为真。

(2)字符串测试。

= 等于则为真。

!= 不相等则为真。

-z 字符串 字符串长度伪则为真。

-n 字符串 字符串长度不伪则为真。

(3)文件测试。

-e 文件名 如果文件存在则为真。

-r 文件名 如果文件存在且可读则为真。

-w 文件名 如果文件存在且可写则为真。

-x 文件名 如果文件存在且可执行则为真。

-s 文件名 如果文件存在且至少有一个字符则为真。

-d 文件名 如果文件存在且为目录则为真。

-f 文件名 如果文件存在且为普通文件则为真。

-c 文件名 如果文件存在且为字符型特殊文件则为真。

-b 文件名 如果文件存在且为块特殊文件则为真。

另外,Linux还提供了与(!)、或(-o)、非(-a)3个逻辑操作符用于将测试条件连接起来,其优先级为:"!"最高,"-a"次之,"-o"最低。

同时,bash也能完成简单的算术运算,格式为:$[expression]。例如,a=2,b=$[a*10+2],则b的值为22。

2. if条件语句

shell程序中的条件分支是通过if条件语句来实现的,其一般格式为:

```
if 条件命令串
then
条件为真时的命令串
else
条件为假时的命令串
fi
```

3. for循环

for循环对一个变量的可能的值都执行一个命令序列。赋给变量的几个数值既可以在程序内以数值列表的形式提供,也可以在程序以外以位置参数的形式提供。for循环的一般格式为:

```
for 变量名[in 数值列表]
do
若干个命令行
done
```

变量名可以是用户选择的任何字符串,如果变量名是var,则在in之后给出的数值将顺序替换循环命令列表中的"$var";如果省略了in,则变量var的取值将是位置参数。对变量的每一个可能的赋值都将执行do和done之间的命令列表。

4. while和until循环

while和until命令都是用命令的返回状态值来控制循环的。while循环的一般格式为:

```
while
若干个命令行 1
do
若干个命令行 2
done
```

只要while的"若干个命令行1"中最后一个命令的返回状态为真,while循环就继续执行do和done之间的"若干个命令行2"。

until命令是另一种循环结构,它和while命令相似,其格式如下:

```
until
若干个命令行 1
do
若干个命令行 2
done
```

until 循环和 while 循环的区别在于：while 循环在条件为真时继续执行循环，而 until 则是在条件为假时继续执行循环。

shell 还提供了 true 和 false 两条命令用于建立无限循环结构的需要，它们的返回状态分别是总为 0 或总为非 0。

5. case 条件选择

if 条件语句用于在两个选项中选定一项，而 case 条件选择为用户提供了根据字符串或变量的值从多个选项中选择一项的方法，其格式如下：

```
case string in
exp-1)
若干个命令行 1
;;
exp-2)
若干个命令行 2
;;
……
*)
其他命令行
esac
```

shell 通过计算字符串 string 的值，将其结果依次和表达式 exp-1、exp-2 等进行比较，直到找到一个匹配的表达式为止，如果找到了匹配项则执行它下面的命令，直到遇到一对分号(;;)为止。

在 case 表达式中也可以使用 shell 的通配符（“*”“?”“[ ]”）。通常用“*”作为 case 命令的最后表达式，以便在前面找不到任何相应的匹配项时执行“其他命令行”的命令。

6. 无条件控制语句 break 和 continue

break 用于立即终止当前循环的执行，而 continue 用于不执行循环中后面的语句而立即开始下一个循环的执行。这两个语句只有放在 do 和 done 之间才有效。

7. 函数定义

在 shell 中还可以定义函数。函数实际上也是由若干条 shell 命令组成的，因此它与 shell 程序在形式上是相似的，不同的是它不是一个单独的进程，而是 shell 程序的一部分。函数定义的基本格式为：

```
Function name
{
若干命令行
}
```

调用函数的格式为：

```
Function name param1 param2……
```

shell 函数可以完成某些例行的工作，而且还可以有自己的退出状态，因此函数也可以作为 if、while 等控制结构的条件。

在函数定义时不用带参数说明，但在调用函数时可以带有参数，此时 shell 将把这些参数分别赋予相应的位置参数 $1、$2、……及 $*。

8. 命令分组

在 shell 中有两种命令分组的方法："()"和"{}"。当 shell 执行"()"中的命令时，将再创建一个新的子进程，然后这个子进程去执行圆括号中的命令。当用户在执行某个命令时，为避免命令运行时对状态集合(如位置参数、环境变量、当前工作目录等)的改变影响到下面语句的执行，应把这些命令放在圆括号中，这样就能保证所有的改变只对子进程产生影响，而父进程不受任何干扰。"{}"用于将顺序执行的命令的输出结果用于另一个命令的输入(管道方式)。当真正使用圆括号和花括号时(如计算表达式的优先级)，则需要在其前面加上转义符"\"，以便让 shell 知道它们不是用于命令执行的控制所用。

9. 信号

trap 命令用于在 shell 程序中捕捉信号，之后可以有 3 种反应方式：①执行一段程序来处理这一信号；②接收信号的默认操作；③忽视这一信号。trap 对这 3 种方式提供了 3 种基本形式。

第一种形式的 trap 命令在 shell 接收到 signal-list 清单中数值相同的信号时，将执行双引号中的命令串：

```
trap'commands' signal-list
trap"commands" signal-list
```

为了恢复信号的默认操作，使用第二种形式的 trap 命令：

```
trap signal-list
```

第三种形式的 trap 命令允许忽视信号：

```
trap"" signal-list
```

需要注意的是：

(1)对信号 11(段违例)不能捕捉，因为 shell 本身需要捕捉该信号去进行内存的转储。

(2)在 trap 中可以定义对信号 0 的处理(实际上没有这个信号)，shell 程序在其终止(如执行 exit 语句)时发出该信号。

(3)在捕捉到 signal-list 中指定的信号并执行完相应的命令之后，如果这些命令没有将 shell 程序终止的话，shell 程序将继续执行收到信号时所执行的命令后面的命令，这样将很容易导致 shell 程序无法终止。

(4)在 trap 语句中，单引号和双引号是不同的。当 shell 程序第一次碰到 trap 语句时，将把 commands 中的命令扫描一遍，此时若 commands 是用单引号括起来的话，那么 shell 不会对 commands 中的变量和命令进行替换，否则 commands 中的变量和命令将用当时具体的值来替换。

1.2.2.2 运行 shell 程序的方法

用户可以用任何编辑程序来编写 shell 程序。因为 shell 程序是解释执行的，所以不需要编译装配成目标程序。按照 shell 编程的惯例，以 bash 为例，程序的第一行一般为"#! /bin/bash"，其中"#"表示该行是注释，叹号"!"告诉 shell 运行叹号之后的命令并用文件的其余部分作为输入，也就是运行/bin/bash 并让/bin/bash 去执行 shell 程序的内容。执行 shell 程序的方法有以下 3 种。

1. bash shell 程序文件名

第一种方法的命令格式为：bash shell 程序文件名。这实际上是调用一个新的 bash 命令解释程序，而把 shell 程序文件名作为参数传递给它。新启动的 shell 将去读指定的文件，执行文件中列出的命令，当所有的命令都执行完结束。该方法的优点是可以利用 shell 调试功能。

2. bash〈SHELL 程序文件名〈 p〉

第二种方法的命令格式为：bash〈SHELL 程序文件名〈 p〉。这种方式就是利用输入重定向，使 shell 命令解释程序的输入取自指定的程序文件。

3. 用 chmod 命令使 shell 程序成为可执行的

一个文件能否运行，取决于该文件的内容本身可执行且该文件具有执行权。对于 shell 程序，当用编辑器生成一个文件时，系统赋予的许可权限都是 644(rw-r-r–)，因此，当用户需要运行这个文件时，只需要直接键入文件名即可。

在这 3 种运行 shell 程序的方法中，最好按下面的方式选择：当刚建立一个 shell 程序，对它的正确性还没有把握时，应当使用第一种方法进行调试；当一个 shell 程序已经调试好时，应使用第三种方法把它固定下来，以后只要键入相应的文件名即可，并可被另一个程序所调用。

1.2.2.3 bash 程序的调试

shell 程序的调试主要是利用 bash 命令解释程序的选择项。调用 bash 的形式是：bash -选择项 shell 脚本。几个常用的选择项如下。

-e　如果一个命令失败就立即退出。

-n　读入命令但是不执行它们。

-u　置换时把未设置的变量看作出错。

-v　当读入 shell 输入行时把它们显示出来。

-x　执行命令时把命令和它们的参数显示出来。

上面的所有选项也可以在 shell 程序内部用“set -选择项”的形式引用，而“set +选择项”则将禁止该选择项起作用。如果只想对程序的某一部分使用某些选择项，则可以将该部分用上面两个语句包围起来。

1. 未置变量退出和立即退出

未置变量退出特性允许用户对所有变量进行检查，如果引用了一个未赋值的变量就终止 shell 程序的执行。shell 通常允许未置变量的使用，在这种情况下，变量的值为空。如果设置了未置变量退出选择项，则一旦使用了未置变量就显示错误信息，并终止程序的运行。未置变量退出选择项为“-u”。

当 shell 运行时，若遇到不存在或不可执行的命令、重定向失败或命令非正常结束等情况，如果未经重新定向，该出错信息会打印在终端屏幕上，而 shell 程序仍将继续执行。要想在错误发生时迫使 shell 程序立即结束，可以使用“-e”选项将 shell 程序的执行立即终止。

2. shell 程序的跟踪

调试 shell 程序的主要方法是利用 shell 命令解释程序的“-v”或“-x”选择项来跟踪程序

的执行。“-v”选择项使 shell 在执行程序的过程中，把它读入的每一个命令行都显示出来；而“-x”选择项使 shell 在执行程序的过程中，把它执行的每一个命令在行首用一个“+”加上命令名显示出来，并把每一个变量和该变量所取的值也显示出来。因此，它们的主要区别在于：在执行命令行之前无“-v”则打印出命令行的原始内容，而有“-v”则打印出经过替换后的命令行的内容。

除了使用 shell 的“-v”和“-x”选择项以外，还可以在 shell 程序内部采取一些辅助调试的措施。例如，可以在 shell 程序的一些关键地方使用 echo 命令把必要的信息显示出来，它的作用相当于 C 语言中的 printf 语句，这样就可以知道程序运行到什么地方及程序目前的状态。

1.2.2.4 bash 的内部命令

bash 命令解释程序包含了一些内部命令。内部命令在目录列表时是看不见的，它们由 shell 本身提供。常用的内部命令有 echo、eval、exec、export、readonly、read、shift、wait 和点(.)。下面简单介绍其命令格式和功能。

1. echo

命令格式：echo arg。

功能：在屏幕上打印出由 arg 指定的字符串。

2. eval

命令格式：eval args。

功能：当 shell 程序执行到 eval 语句时，shell 读入参数 args，并将它们组合成一个新的命令，然后执行。

3. exec

命令格式：exec 命令　命令参数。

功能：当 shell 执行到 exec 语句时，不会去创建新的子进程，而是转去执行指定的命令，当指定的命令执行完时，该进程，也就是最初的 shell 就终止了，所以 shell 程序中 exec 后面的语句将不再被执行。

4. export

命令格式：export 变量名或 export 变量名＝变量值。

功能：shell 可以用 export 把它的变量向下带入子 shell，从而让子进程继承父进程中的环境变量。但子 shell 不能用 export 把它的变量向上代入父 shell。

注意：不带任何变量名的 export 语句将显示出当前所有的 export 变量。

5. readonly

命令格式：readonly 变量名。

功能：将一个用户定义的 shell 变量标识为不可变的。不带任何参数的 readonly 命令将显示出所有只读的 shell 变量。

6. read

命令格式：read 变量名表。

功能：从标准输入设备读入一行内容，分解成若干字，赋值给 shell 程序内部定义的变量。

7. shift 语句

功能：shift 语句按“$2 成为 $1，$3 成为 $2……”的方式重新命名所有的位置参数变量。在程序中每使用一次 shift 语句，都使所有的位置参数依次向左移动一个位置，并使位置参数“$ #”值减 1，直到减为 0。

8. wait

功能：shell 等待在后台启动的所有子进程结束。wait 的返回值总是真。

9. exit

功能：退出 shell 程序。在 exit 之后可有选择地指定一个数字作为返回状态。

10. 点(.)

命令格式：. shell 程序文件名。

功能：使 shell 读入指定的 shell 程序文件并依次执行文件中的所有语句。

1.2.2.5 shell 编程练习

```
sa@sa-virtual-machine:~$ vim  shell1.sh  //代码如下
```

```
#my first shell script
#! /bin/bash
echo"hello world!"
```

```
sa@sa-virtual-machine:~$ vim  shell2.sh  //代码如下
```

```
#My second shell script
#! /bin/bash
echo"enter your name:"
read name
echo"your name is $name"
```

```
sa@sa-virtual-machine:~$ vim  shell3.sh  //代码如下
```

```
#! /bin/bash
#My third shell  script
echo"current time is `date`"        //date要加反引号
pwd
echo $HOME
echo $SHELL
echo $PATH
```

【思考】

1. 这 3 个脚本文件有哪些共同之处？

2. “#! /bin/bash”有什么作用？

3. echo 命令有什么用？类型于 C 语言程序设计中的什么函数？read 命令有什么用？类型于 C 语言程序设计中的什么函数？

4. shell 脚本的变量需要先定义才能用吗？如何定义用户自己的变量？如何读出变量的值？

5. Linux 有没有为用户提供系统变量？举例说明。用什么命令可以查看已经定义的系统变量？

6. 如何查看PATH变量的值？设置PATH变量的值有什么意义？如何把/tmp目录临时设置为搜索目录？如何永久设置PATH变量的值？

7. 如何运行shell脚本？你还知道其他方法吗？

8. 如果要在任意位置执行脚本，应该怎么办？

9. shell脚本有什么用？

【练习】

1. 编写一个shell程序test.sh，此程序的功能是：显示root下的文件信息，然后建立一个java的文件夹，在此文件夹下建立一个文件file，修改此文件的权限为可执行。

进入root目录：cd/root

显示root目录下的文件信息：ls -l

新建文件夹：mkdir java

进入root/java目录：cd java

新建一个文件file： vi file

修改file文件的权限为可执行：chmod +x file

回到root目录：cd/root

shell脚本编程总结：

(1)按照格式要求书写。

(2)熟悉shell命令。

(3)理解文件操作与系统管理的要求。

(4)正确运行脚本。

2. 编写一个名为"myfirstshell.sh"的脚本，它包括以下内容。

(1)包含一段注释，列出你的学号、姓名、脚本的名称。

(2)问候用户。

(3)显示日期和时间。

(4)显示这个月的日历。

(5)显示你的机器名。

(6)显示当前这个操作系统的名称和版本。

(7)显示父目录中的所有文件的列表。

(8)显示root正在运行的所有进程。

(9)显示变量TERM、PATH和HOME的值。

(10)显示磁盘使用情况。

(11)用id命令打印出你的组ID。

(12)跟用户说"Good bye"。

3. 设计一个shell程序，备份并压缩/etc目录的所有内容，存放在/root/bak目录里，且文件名的形式如yymmdd_etc.tar.gz，其中"yy"为年，"mm"为月，"dd"为日。参考脚本如下。

```
#/bin/bash
yy=date +%Y
mm=date +%m
dd=date +%d
tar czvf/root/bak/{$yy}{$mm}{$dd}_etc.tar.gz/etc
```

```
sa@sa-virtual-machine:~$ vim  shell4.sh  //代码如下
```

```
#! /bin/sh
echo"Program name is $0";
echo"There are total $# parameters in this program";
echo"The result is $?";
echo"the first parameter is $1"
echo"the second parameter is"
echo"The parameter are $*";
```

注意：执行时用“./shell4.sh this is my four shell script”。

【思考】

1. $0表示什么？
2. $#表示什么？
3. $? 表示什么？
4. $*表示什么？
5. $1、$2表示什么？

```
sa@sa-virtual-machine:~$ vim  shell5.sh  //代码如下
```

```
#! /bin/sh
if[ $# -eq 0 ]
then
echo"Please specify a file!"
else
mv $1  $HOME/dustbin
echo"File $1 is deleted !"
fi
```

【思考】

1. shell中的条件判断语句的结构是什么？

2. [$# -eq 0]中“$#”表示什么？“equal”这个单词的意思是什么？在这里“eq”是equal的缩写，“$# -eq 0”表示什么意思呢？[$# -eq 0]在书写时有哪些注意事项？

3. 在shell程序中，通常使用表达式比较来完成逻辑任务。表达式所代表的操作符有哪些？

4. $HOME 表示什么？在你的电脑中，$HOME 的值是多少？

5. “mv $1 $HOME/dustbin”的作用是什么？

```
sa@sa-virtual-machine:~$ vim   shell7.sh   //代码如下
```

```
#! /bin/bash
user=`whoami`
case $user in
teacher)
echo"hello teacher";;
root)
echo"hello root";;
*)
echo"hello $user,welcome"
esac
```

【思考】

1. “*)”在这里表示什么？

2. shell 中的 case 条件选择语句的结构是什么？

```
sa@sa-virtual-machine:~$ vim   shell8.sh   //代码如下
```

```
#! /bin/Bash
total=0
for((j=1;j<=100;j++))
do
    total=`expr $total + $j`        //或$((total+j))
done
echo"The result is $total"
```

【思考】

1. shell 脚本中 for 循环的结构是什么？

2. 条件语句的结构有哪些形式？

3. shell 脚本中的循环还有哪些？它们的结构分别是什么？

【练习】

1. 编写一个 shell 程序 test2，输入一个字符串，如果是目录，则显示目录下的信息；如果为文件，则显示文件的内容。

2. 自己设计一个 shell 程序，在/userdata 目录下建立 50 个目录，即 user1～user50，并设置每个目录的权限为 rwxr-xr—。

参考脚本如下：

```
#i/bin/bash
```

```
if [-d  /userdata ];then
    echo"userdata is exist,quit"
    exit
else
    echo"userdata is not exist"
    mkdir/userdata
    echo"now create/userdata"
fi
cd/userdata
i=1
while [ $i - le 50 ]
do
    mkdir user $ i
    chmod 754 user $ i
    echo"create user $ i"
    ll
    i= $ ((i+1))
done
```

1.3 嵌入式开发中常用的网络服务配置

【目的与要求】

- 掌握嵌入式开发中常用的网络服务的配置方法
- 会使用 SSH
- 会使用 NFS
- 会使用 Samba

嵌入式 Linux 系统设计的各种产品需要具备网络功能的支持，主流网络服务主要有 SSH、Samba、NFS、TFTP 等。

1.3.1 安装配置 SSH

1.3.1.1 SSH 服务

SSH 为 Secure Shell 的缩写，由 IETF 的网络小组（Network Working Group）所制订；SSH 为建立在应用层基础上的安全协议。SSH 是目前较可靠，专为远程登录会话和其他网络服务提供安全性的协议。

1.3.1.2 SSH 服务的配置

1. 在 Linux 虚拟机中安装服务器端

```
#apt-get install ssh
```

2. 在 Windows 端安装 SSHSecureShellClient-3.2.9

鼠标右击 SSHSecureShellClient-3.2.9.exe 选择以管理员身份运行，采用默认设置安装。

3. 使用 SSH Secure File Transfer

(1)打开 SSH Secure File Transfer 窗口,如图 1-33 所示。

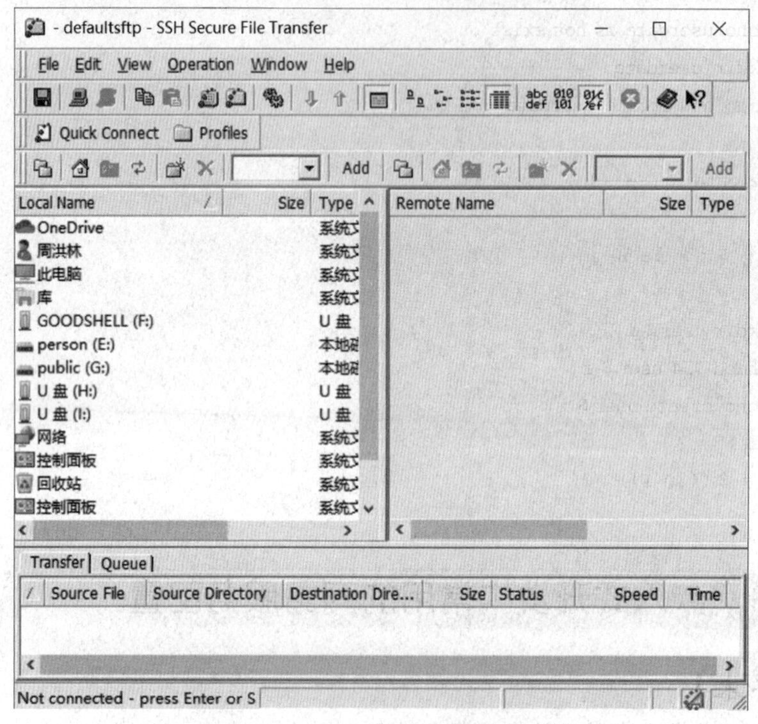

图 1-33 SSH Secure File Transfer 窗口

(2)单击【Quick Connect】按钮,输入要连接的 Linux 主机的 IP 地址、登录用户,如图 1-34 所示。

(3)单击【Connect】按钮后,第一次登录会提示用户是否保存密钥在本地数据库,如图 1-35 所示。

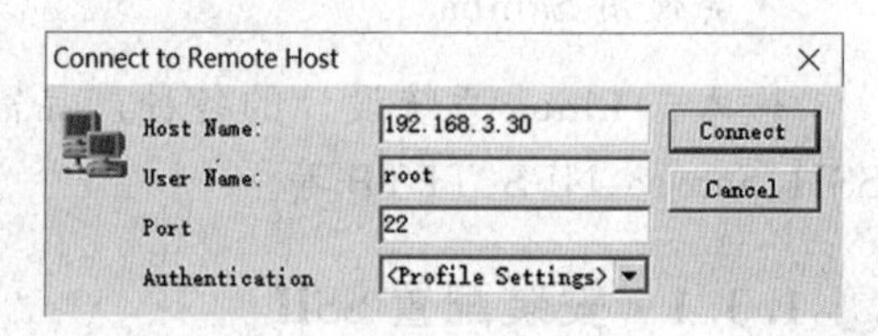

图 1-34 连接对话框

(4)单击【Yes】按钮,进入如图 1-36 所示的界面,输入登录密码。

(5)单击【OK】按钮,然后打开 SSH Secure File Transfer 窗口,可以在 Windows 与 Linux 系统之间通过拖拽的方式实现文件的交换,如图 1-37 所示。

1.3.2 安装配置 NFS

1.3.2.1 NFS 服务

NFS 就是 Network File System 的缩写,它最大的功能就是可以通过网络,让不同的机器、不同的操作系统共享彼此的文件。NFS 服务器可以让 PC 将网络中的 NFS 服务器共享的目录挂载到本地端的文件系统中,而在本地端的系统中来看,那个远程主机的目录就好像是自己的一个磁盘分区一样，在使用上相当便利。

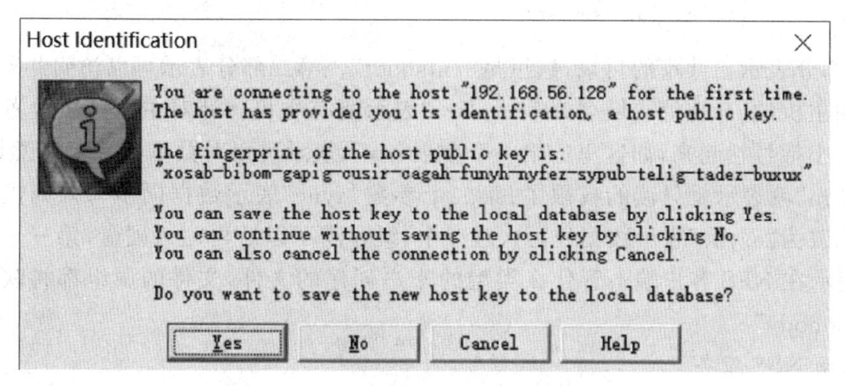

图 1-35　是否保存密钥在本地数据库

1.3.2.2　NFS 服务配置

1. 进行 NFS 服务器端与客户端的安装

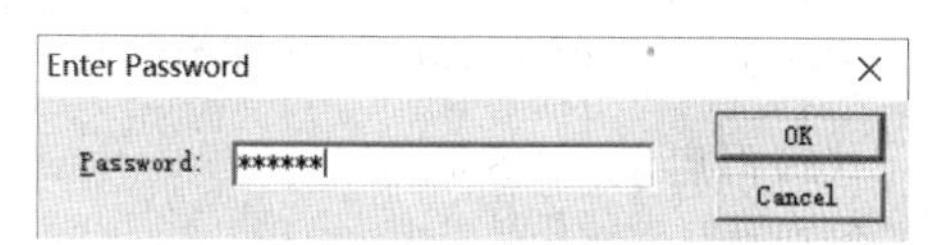

图 1-36　输入登录用户的密码

```
# apt-get install nfs-kernel-server   nfs-common
portmap//安装软件包
# mkdir  /nfsboot  //创建 NFS 服务共享目录
```

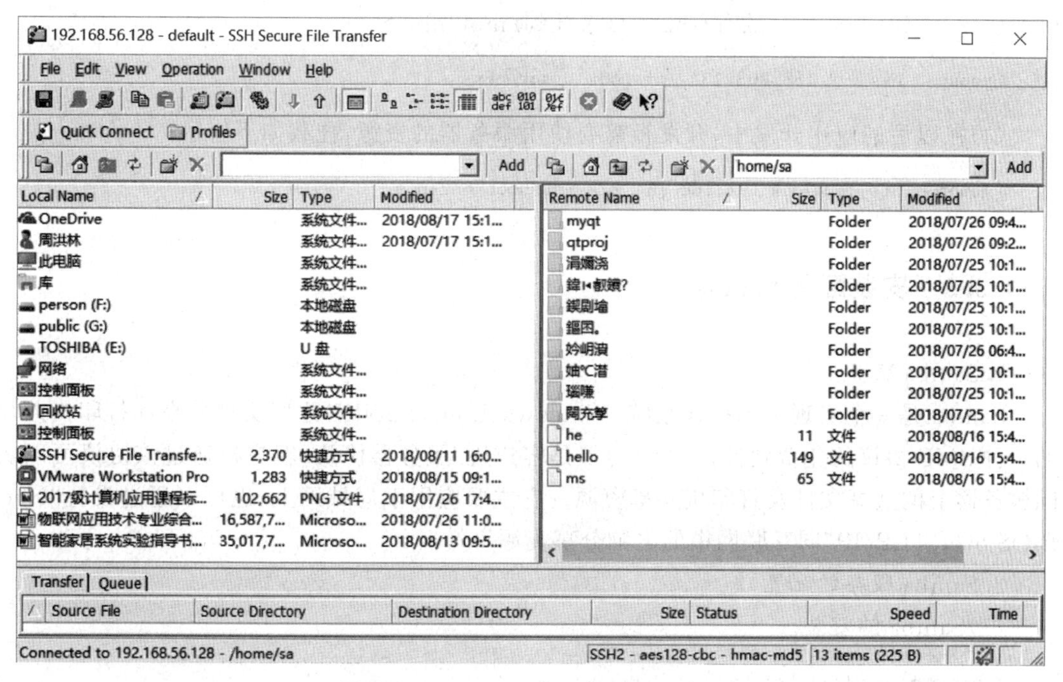

图 1-37　SSH Secure File Transfer 窗口

2. 在主机上配置文件

安装好上面的软件之后，在/etc 目录下面会有一个名叫 exports 的文件，在终端里面输入：

```
#vim  /etc/exports
/nfsboot    *(rw,sync,all_squash)
```

第一部分表示要共享的目录，这里是“/nfsboot”。第二部分表示可以访问共享目录的主机，可以用主机的IP地址或域名来表示，“*”表示所有主机。针对主机可以设置访问权限等参数，用小括号括起来，如这里的第一个参数“rw”，表示可以对共享目录实施读与写操作，如果改为“ro”就表示是只读的权限了；第二个参数“sync”表示数据同步写入到内存与硬盘当中，如果改为“async”表示数据先写入缓存中，缓存满了以后再写入硬盘；第三个参数“all_squash”表示在NFS客户端不管什么类型的账户创建的文件，文件的属组都将映射成匿名账户“nfsnobody”。

3. 启动NFS服务

(1)首先启动portmap服务(端口映射)。

```
#/etc/init.d/portmap   restart
```

(2)再启动NFS服务。

```
#/etc/init.d/nfs-kernel-server restart
```

(3)使用NFS，基本就是使用mount指令，让共享的文件夹挂载到一个指定的目录下。如下面的命令所示，首先在客户端创建挂载点/mnt/nfs，然后使用mount命令把服务器端(IP为192.168.208.134)的/nfsboot目录挂到/mnt/nfs下。

```
#mount -t nfs 192.168.208.134:/nfsboot  /mnt/nfs
```

(4)在以后的应用开发中，开发板需要使用服务器的资源，挂载如下所示。

```
#mount -t nfs -o nolock 192.168.164.222:/nfsboot/mnt/nfs
```

1.3.3 安装配置Samba

1. Samba服务

Samba是一个实现不同操作系统(Windows、Linux、UNIX)之间文件共享和打印机共享的一种SMB协议的免费软件。SMB协议是客户机/服务器协议，客户机通过该协议可以访问服务器上的共享文件及打印机共享资源。它主要应用于局域网上，也可以通过设置“NetBIOS over TCP/IP”同互联网中的电脑分享资源。

2. Samba服务的配置

(1)Samba的安装。

```
# apt-get  install  samba
```

(2)创建共享目录。

```
#mkdir /computer
#chmod 7 77  /computer
```

(3)创建Samba配置文件。

保存现有的配置文件：

```
# cp/etc/samba/smb.conf   /etc/samba/smb.conf.bak
```

修改现配置文件：

```
# vim  /etc/samba/smb.conf
```

在 smb.conf 最后添加：

```
[share]
      path =   /computer
      browseable = yes
      writable = yes
```

(4)创建 Samba 账户。

```
# useradd student_01
# smbpasswd  -a  student_01
```

然后系统会要求用户输入 Samba 账户的密码。如果没有第 4 步，用户登录时会提示"session setup failed:NT_STATUS_LOGON_FAILURE"。

(5)重启 Samba 服务器。

```
# /etc/init.d/smbd  restart
```

(6)使用 Samba 服务：可以到 Windows 运行框中输入"\\Linux 主机 IP"。

【思考与练习】

一、填空题

1. Linux 能支持__________、__________、MIPS、ALPHA 和 PowerPC 等多种体系结构的微处理器。

2. Ubuntu 在命令行终端下，要想从受限用户切换到管理员 root，输入的命令是__________。

3. 在命令行终端下，要想从管理员 root 退回到普通用户，输入的命令是__________。

4. 以 root 账户登录 Ubuntu，安装 vim 的命令是__________。

5. Ubuntu 是一个以__________为主的 Linux 操作系统。

6. 用户使用__________组合键才能在虚拟(Ubuntu)和现实系统(Windows)之间进行切换。

7. Linux 下最常用的打包程序是 tar，使用它打出来的包都是以______结尾的。

8. shell 提供了用户与操作系统之间通信的方式，这种通信可以以______执行，或者以 shell script 方式执行。

9. 如果在执行过程当中想终止命令执行，可以从键盘上按______快捷键发出中断信号来中断它。

10. vi 是 Linux 下的第一个全屏幕交互式编辑程序，vi 有 3 种基本工作模式：__________、__________、__________。

二、简答题

1. 简述嵌入式 Linux 系统的特点。
2. 简述主流的 Linux 发行版本。
3. 简述 Linux 系统的应用领域。
4. 简述实现 Windows 与 Linux 系统之间共享目录的方法与步骤。
5. 简述在嵌入式应用开发中常用 NFS 服务的配置方法与步骤。
6. 简述在嵌入式应用开发中常用 Samba 服务的配置方法与步骤。
7. 利用网络查找在嵌入式应用开发中常用 TFTP 服务的配置方法与步骤。

Chapter 2

第2章 Linux下C/C++程序的编译

2.1 程序设计语言介绍

【目的与要求】

- 了解计算机软件、操作系统、应用软件
- 掌握编译的 4 个流程
- 了解程序的 3 种结构
- 了解结构化编程与面向对象编程思想
- 了解封装、继续、多态

2.1.1 软件

计算机系统由硬件系统和软件系统构成。软件系统是计算机上除硬件之外的所有东西,是为运行、管理和维护计算机而编制的程序和文档的总和。

系统软件主要是调度、监控和维护计算机系统,负责管理计算机系统中各种独立的硬件,使它们可以协调工作,主要有操作系统(如 Windows、Linux、DOS、UNIX、MAC 等)、程序语言、语言处理程序(如汇编语言汇编器、C 语言编译器)、数据库管理程序、系统辅助程序。

操作系统(Operating System,OS)是一个管理计算机硬件与软件资源的程序。操作系统是一个庞大的管理控制程序,主要包括 5 个方面的管理功能:进程与处理机管理、作业管理、存储管理、设备管理、文件管理。操作系统是人和计算机之间的一座桥梁,用户无需了解计算机内部结构及工作细节,硬件和软件等一切系统资源的管理都由操作系统替用户完成。

应用软件是为满足用户不同领域、不同问题的应用需求而提供的那部分软件。它可以拓宽计算机系统的应用领域,放大硬件的功能。应用软件是程序员使用各种程序设计语言编制的应用程序。

要开发应用软件,则需要软件开发工具,开发工具属于系统软件部分。开发工具需要编译系统软件支持,编译软件又称编译器,编译器就是将"高级语言"翻译为"机器语言(低级语言)"的程序。编译器的主要工作流程为:源代码(Source Code)→预处理器(Preprocessor)→编译器(Compiler)→目标代码(Object Code)→连接器(Linker)→可执行程序(Executables)。不同的编译系统软件的基本功能都是把高级语言转换成机器语言。

2.1.2 程序设计语言

计算机程序是计算机所执行的一系列指令的有序集合,通过这些有序的指令集合,计算机可以实现数值计算、信息处理、信息显示等功能。

编写计算机程序所用的语言称为程序设计语言,一般分为机器语言、汇编语言和高级语言 3 类。计算机每一次动作、每一个步骤都是按照用计算机语言编好的程序来执行的。程序是计算机要执行的指令的集合，而程序全部都是用人们所掌握的语言来编写的。人们要控制计算机，一定要通过计算机语言向计算机发出命令。

计算机内的所有信息均采用二进制格式保存，无论是执行指令、需要处理的数据还是显示的文字符号。例如，处理文字时，通过输入设备——键盘输入字符“A”时，键盘把“A”字符转换成了二进制“01000001”，是将十进制数“65”这个数据的二进制格式送给显卡，再由显卡根据“65”对应的字母“A”的点阵特征输出视频信号给显示器，从而在显示器的某个位置“画”出字母“A”。

1. 机器语言

计算机采用二进制格式存储计算机指令，这种格式的指令称为机器语言，是CPU唯一能够识别的内容。计算机语言命令是一个由“0”和“1”组成的序列，因此用机器语言来写程序是很痛苦的。在计算机程序中，每一台计算机的指挥系统经常变化，若运行在另一台计算机上，必须有另一种编程，从而导致工作重复。但机器语言编写的程序为特定的计算机模型，因此机器语言程序效率是最高的。机器语言是第一代的计算机语言。

2. 汇编语言

若干“0”和“1”组成的指令组合不利于记忆，人们很难记住CPU某个指令的二进制格式，因此引入了助记符，即采用便于记忆的英文单词或其缩写格式代表相应的机器语言，如采用以下格式表示：

```
ADD AX,20
```

用“ADD”字符串表示加法，一般程序员只要了解代表指令的助记符就可以编写程序。采用助记符格式的编程语言称为汇编语言。但是，这样书写的计算机程序，计算机的CPU是无法识别的，为此需要把助记符格式的程序翻译成对应的机器语言，这个过程称为编译(Compile)，是由专门的编译工具实现的。

汇编语言虽然解决了程序设计的基本问题，不需要记忆那些0、1的组合，但仍然存在如下问题：汇编语言需要程序员了解CPU的结构和基本工作原理。如果需要计算“18＋20”的结果，必须先将参与计算的一个数送到计算机内部的某个寄存器中(如上面的AX寄存器)，然后才能执行加法指令，运算的结果还需要再送回内存的某个区域，以便CPU进行下一步的计算。程序员必须知道CPU内部有哪些寄存器，其中又有哪些寄存器能够用于存放参与计算的数据。例如，用汇编语言书写如下：

```
MOV AX,18
ADD AX,20
MOV [1000],AX
```

采用汇编语言编写程序虽然不如高级程序设计语言简便直观，但是汇编出的目标程序占用内存较少、运行效率较高，且能直接引用计算机的各种设备资源。它通常用于编写系统的核心部分程序或编写需要耗费大量运行时间和实时性要求较高的程序段。

3. 高级程序设计语言

计算机语言具有高级语言和低级语言之分。而高级语言主要是相对于汇编语言而言的，它是较接近自然语言和数学公式的编程，基本脱离了机器的硬件系统，用人们更容易理解的方式编写程序。目前流行的高级语言有C、C＋＋、Python、Java等，这些语言的语法、命

令格式都不相同。高级语言均采用符合人类自然描述语言的语法书写计算机程序,如 C 语言实现上述计算的格式为:

```
A = 18 + 20;
```

高级语言降低了程序设计的难度,程序员不必了解细节,编写的程序由专门的编译工具转换成机器语言。正是这些高级语言的产生才使得计算机编程能够推广开来。计算机程序设计语言的发展趋势如图 2-1 所示。

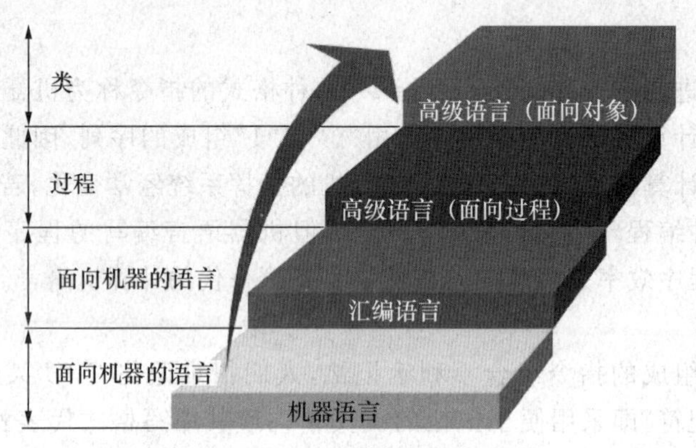

图 2-1　程序设计语言的发展趋势

4. 高级语言转换成机器语言的过程

目前世界上已经设计和实现的计算机语言有上千种之多,但实际被人们广泛使用的计算机语言不过数十种。所有编程语言开发应用程序的步骤都为:编辑(编写源程序)→编译(转换成目标程序)→链接(生成可执行程序)。

当编译工具把程序员编写的高级语言程序(称为源程序)编译成机器语言时,遇到其中的函数,并不能将其转换成机器语言。这样编译的程序称为目标程序,以“.obj”为后缀。不管是什么编程语言,编译后的目标程序都是统一的机器格式。

为了产生真正可以运行的程序,还需要将编译好的目标程序与编程语言提供的库文件中的某些函数的指令连接在一起,这个步骤称为链接(Link)。只有经过链接的程序才能产生可执行文件。

• 汇编程序:把用汇编语言编写的源程序翻译成机器语言程序的程序称为汇编程序,翻译的过程称为汇编。

• 编译程序:编译程序将高级语言源程序整个翻译成机器指令表示的目标程序,使目标程序和源程序在功能上完全等价,然后执行目标程序,得出运算结果。其翻译的过程称为编译。

• 解释程序:解释程序将高级语言源程序一句一句地翻译为机器指令,每译完一句就执行一句,当源程序翻译完后,目标程序即执行完毕。

不同语言编译的方式不同。有的语言是先将所有程序代码一起编译成机器语言,再链接生成可执行文件,如 C 语言、Pascal 语言,这种语言称为编译型语言,最后以可执行的 exe 文件运行;有的语言则可以边编译边执行,如 Basic 语言、Java 语言,这种语言称为解释型语言;有些语言既提供编译运行的方式,又提供解释运行的方式,如 Visual Basic,在调试程序时可以采用解释型,一旦调试完成,则采用编译型,将源程序编译成可执行的 exe 文件。编译型语言的程序执行速度比解释型语言的程序要快。

2.1.3 高级语言的程序控制结构

大多数应用程序并不是按照指令存放的顺序执行程序,往往需要根据条件改变指令的执行顺序,基本的程序控制结构包括:顺序、条件、循环。

顺序控制结构是计算机执行指令的基本结构,程序员按照算法把指令顺序安排好,计算机就会自动地按照指令的先后顺序把每条指令都执行一遍。顺序结构是一种最简单、最基本的结构,在顺序结构内,各块是按照它们出现的先后顺序依次执行。图 2-2 表示一个顺序结构形式,从图中可以看出它有一个入口 a 点和一个出口 b 点,在结构内 A 框和 B 框都是顺序执行的处理框。

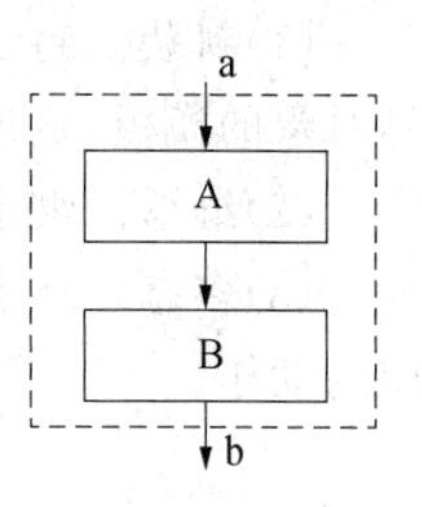

图 2-2 顺序结构示意图

但是现实问题是,并不是所有的程序指令都要执行一遍,在某些情况下,只有满足一定条件才能执行一次指令,不满足条件的不执行。

条件结构语句就能实现这种情况,高级语言中一般采用 if 语句,有的语言提供了更好的分支结构,如 C 语言的 switch 语句。条件的判断以"0"和"非 0"为准则,"非 0"表示条件满足,"0"则表示条件不满足。不同的条件可以采用逻辑"与"(两个条件都满足)"或"(只要有一个条件满足)"异或"(两个条件只能有一个满足)进行组合。流程图如图 2-3 所示。在现实中,会出现某些指令需要重复执行多遍的情况,计算机高级语言提供了循环结构。循环结构一般采用 for、do-while 等语句进行。实际上,循环是一种特殊的条件,满足条件时循环执行部分代码,不满足条件就结束循环,流程图如图 2-4 所示。

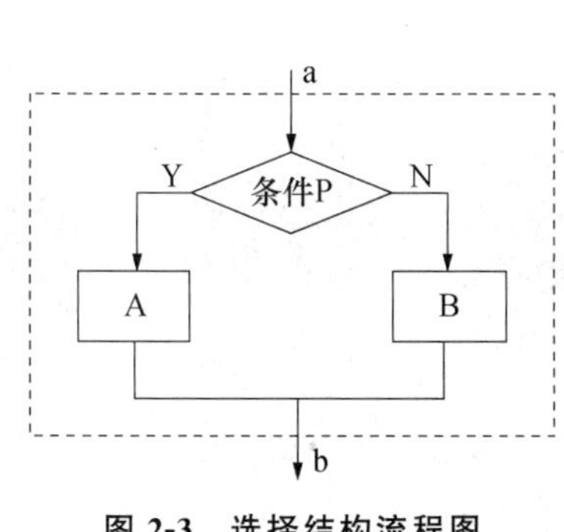

图 2-3 选择结构流程图

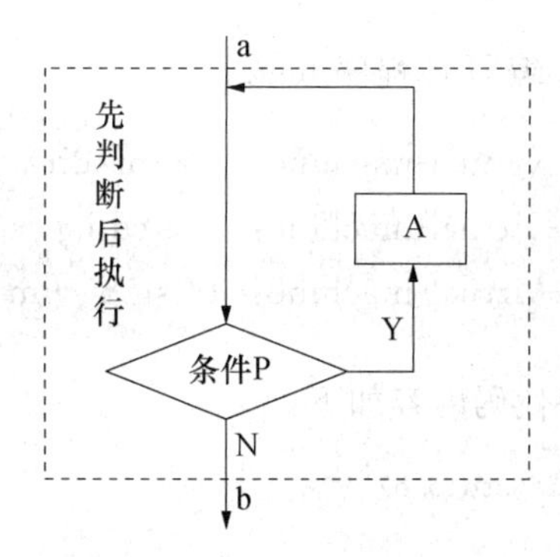

图 2-4 当型循环结构流程图

所有高级程序设计语言都需要使用这 3 种基本结构来控制指令的执行顺序。

2.1.4 编程思想

1. 结构化编程

结构化编程的主要思想是把问题细化,即把目标分解成一系列的任务,对每个任务再进行分解,直到每个任务都能被解决为止。这是处理复杂问题的一种非常成功的方法。但是这种编程思想存在以下问题：首先，它将数据结构从函数中分离出来，使得程序员在设计程序的时候把事物的属性和方法分离，很难真实表现现实生活中的模型。其次，代码的可重用性不高。

2. 面向对象编程

编程思想由结构化编程发展到面向对象编程。面向对象编程可实现软件组件的可重用性，并将数据与操作数据的方法结合起来。面向对象编程更加模块化，更加易于构建大型软件项目，而且面向对象编程有利于更新和维护，简化了企业级的编程的协同问题。面向对象的编程思想涉及封装、继承、多态这 3 种技术。

(1)封装。封装就是把一类具有相同属性和动作的实体抽象成为计算机里面的类，也就是对象的模板，通过方法去访问和修改数据，对外提供修改数据和处理业务的方法。

(2)继承。继承的主要目的是实现方法的多态性和代码的可重用性。

(3)多态。多态是为了解决现实生活中的情况的多样性问题，根据不同的条件，做出对应的动作。

2.2 C/C++程序的编译

【目的与要求】

- 学会使用 gcc 编译工具
- 掌握 gcc 编译的 4 个过程

2.2.1 C 程序的编译

用 vim 编写 C 程序 test.c。

```
sa@sa-virtual-machine:~$ mkdir  jsj
sa@sa-virtual-machine:~$ cd jsj
sa@sa-virtual-machine:~/jsj $ vim test.c
```

C 程序代码内容如下：

```
#include<stdio.h>
int main(){
int x,y,z,t;
printf("please input x,y,x:\n");
scanf("%d%d%d",&x,&y,&z);
if(x>y){t=x;x=y;y=t;}
if(x>z){t=x;x=z;z=t;}
if(y>z){t=y;y=z;z=t;}
printf("small to big:\t%d\t%d\t%d\n",x,y,z);
return 0;
}
```

在 Linux 中编译 C 程序的编译器是 gcc，默认该工具已经安装，否则使用 apt-get install gcc 安装此工具。

```
sa@sa-virtual-machine:~/jsj $ gcc -v   //查看编译器版本
sa@sa-virtual-machine:~/jsj $ gcc  test.c
sa@sa-virtual-machine:~/jsj $ ls
sa@sa-virtual-machine:~/jsj $ gcc test.c -o test
sa@sa-virtual-machine:~/jsj $ ls
```

a.out test test.c

运行 a.out 和 test，如图 2-5 所示。

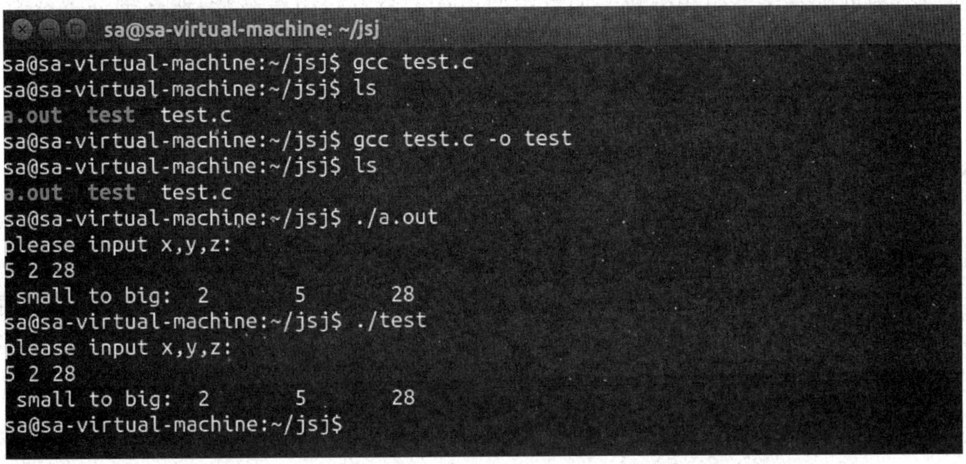

```
sa@sa-virtual-machine: ~/jsj
sa@sa-virtual-machine:~/jsj$ gcc test.c
sa@sa-virtual-machine:~/jsj$ ls
a.out  test  test.c
sa@sa-virtual-machine:~/jsj$ gcc test.c -o test
sa@sa-virtual-machine:~/jsj$ ls
a.out  test  test.c
sa@sa-virtual-machine:~/jsj$ ./a.out
please input x,y,z:
5 2 28
 small to big:  2     5     28
sa@sa-virtual-machine:~/jsj$ ./test
please input x,y,z:
5 2 28
 small to big:  2     5     28
sa@sa-virtual-machine:~/jsj$
```

图 2-5　编译 C 程序

可见 a.out 和 test 这两个编译好的可执行文件的结果是一样的。实际上，C 程序的编译过程包含了以下 4 个步骤。

（1）预处理：编译器将 C 程序的头文件编译进来，还有宏的替换等。

```
sa@sa-virtual-machine:~/jsj $ gcc -E  test.c -o test.i
```

（2）这个阶段编译器主要进行词法分析、语法分析、语义分析等，在检查无错误后，把代码翻译成汇编语言。

```
sa@sa-virtual-machine:~/jsj $ gcc -S  test.i -o test.s
```

（3）把编译阶段生成的 .s 文件转换为二进制目标代码。汇编器（as）将 test.s 翻译成机器语言指令，把这些指令打包成可重定位目标程序的格式，并将结果保存在目标文件 test.o 中。test.o 文件是一个二进制文件，它的字节编码是机器语言。

```
sa@sa-virtual-machine:~/jsj $ gcc -c  test.s -o  test.o
```

（4）把 obj 文件链接为可执行的文件。链接器（ld）负责 .o 文件的并入。结果就是 test

文件，它是一个可执行的目标文件，可以加载到存储器后由系统调用。

```
sa@sa-virtual-machine:~/jsj $ gcc test.o  -o  test
```

2.2.2 C++程序的编译

2.2.2.1 构造函数和析构函数

这里复习一下 C++中的构造函数、析构函数。

构造函数用于对对象进行自动初始化。在 C++语言中，“构造函数”就是一类特殊的成员函数，其名字和类的名字一样，并且不写返回值类型(void 也不写)。构造函数可以被重载，即一个类可以有多个构造函数。如果类的设计者没有写构造函数，那么编译器会自动生成一个没有参数的构造函数，虽然该无参构造函数什么都不做。无参构造函数，不论是编译器自动生成的，还是程序员写的，都称为默认构造函数(default constructor)。如果编写了构造函数，那么编译器就不会自动生成默认构造函数。对象在生成时，一定会自动调用某个构造函数进行初始化，对象一旦生成，就再也不会在其上执行构造函数。

类的析构函数是类的一种特殊的成员函数，它会在每次删除所创建的对象时执行。析构函数的名称与类的名称是完全相同的，只是在前面加了个波浪号(~)作为前缀，它不会返回任何值，也不能带有任何参数。析构函数有助于在跳出程序(比如关闭文件、释放内存等)前释放资源。

下面用 vim 编写第 1 个 C++程序 rectangle.cpp。

```
sa@sa-virtual-machine:~/jsj $ vim  rectangle.cpp      //代码如下
```

```
#include<iostream>
using namespace std;
class Rectangle
{
private:
        double length;
        double width;
public:
        Rectangle(double l,double w){
                length = l;
                width = w;
        }
        ~Rectangle(){}
        double GetLength(){
                return  length;
        }
        double GetWidth(){
                return  width;
```

```
        }
        double Area(){
                return  length * width;
        }
};
int main(){
        double length,width;
        cout〈〈"请输入矩形的长度:";
        cin〉〉length;
        cout〈〈"请输入矩形的宽度:";
        cin〉〉width;
        Rectangle  a(length,width);
        cout〈〈"长为:"〈〈a.GetLength()〈〈"宽为:"〈〈a.GetWidth()〈〈"矩形面积为:"〈〈a.Area()
〈〈endl;
        return0;
}
```

在 Linux 中编译 C 程序的编译器是 g++,首先使用命令 apt-get install gcc 安装此工具。

```
sa@sa-virtual-machine:~/jsj $ sudo apt-get install g++
sa@sa-virtual-machine:~/jsj $ g++ -v
sa@sa-virtual-machine:~/jsj $ g++ rectangle.cpp  -o rectangle
sa@sa-virtual-machine:~/jsj $./rectangle
```

结果如下图 2-6 所示。

```
sa@sa-virtual-machine:~/jsj$ vim rectangle.cpp
sa@sa-virtual-machine:~/jsj$ g++ rectangle.cpp -o rectangle
sa@sa-virtual-machine:~/jsj$ ls
a.out  hello  hello.c  hello.i  hello.o  hello.s  rectangle  rectangle.cpp
sa@sa-virtual-machine:~/jsj$ ./rectangle
请输入矩形的长度:45
请输入矩形的宽度: 36
长为:45宽为:36矩形面积为:1620
```

图 2-6　编译 rectangle.cpp

2.2.2.2　this 指针

这里复习一下 C++的 this 指针。在 C++中,每一个对象都能通过 this 指针来访问自己的地址。this 指针是所有成员函数的隐含参数。因此,在成员函数内部,它可以用来指向调用对象。友元函数没有 this 指针,因为友元不是类的成员。只有成员函数才有 this 指针。

下面用 vim 编写第 2 个 C++程序 stu1.cpp。

```
sa@sa-virtual-machine:~/jsj $ mkdir -p  c++/this
sa@sa-virtual-machine:~/jsj $ cd c++/this
sa@sa-virtual-machine:~/jsj/c++/this $ vim  rectangle.cpp     //代码如下
```

```
#include<iostream>
using namespace std;
class Student
{
public:
    void setname(string name);
    void setage(int age);
    void setscore(float score);
    void show();
private:
    string  name;
    int age;
    float score;
};
void Student::setname(string  name){
    this->name = name;
}
void Student::setage(int age){
    this->age = age;
}
void Student::setscore(float score){
    this->score = score;
}
void Student::show(){
cout<<"the name is"<<this->name<<",age = "<<age<<",score = "<<score<<endl;
}
int main(){
    Student a;
    a.setname("mary");
    a.setage(16);
    a.setscore(96.5);
    a.show();
    return 0;
}
```

结果如图 2-7 所示。

2.2.2.3 静态成员变量

这里复习一下 C++的静态成员变量。在 C++中，静态成员变量属于整个类所有；静

```
sa@sa-virtual-machine:~/c++/this$ g++ retangle.cpp
sa@sa-virtual-machine:~/c++/this$ ./a.out
the name is:mary,age=16,score=96.5
sa@sa-virtual-machine:~/c++/this$ 
```

图 2-7　编译 stu1. cpp

态成员变量的生命期不依赖于任何对象，为程序的生命周期；可以通过类名直接访问公有静态成员变量；所有对象共享类的静态成员变量；可以通过对象名访问公有静态成员变量；静态成员变量需要在类外单独分配空间；静态成员变量在程序内部位于全局数据区。

下面用 vim 编写第 3 个 C++程序 static1. cpp。

```
sa@sa-virtual-machine:~/jsj $ mkdir -p  c++/static
sa@sa-virtual-machine:~/jsj $ cd  c++/static
sa@sa-virtual-machine:~/jsj/c++/static $ vim static1.cpp  //代码如下
```

```
#include<iostream>
#include<string>
using namespace std;
class Student
{
public:
    static int totalNumber;
    int getAge(){
        return this->age;
    }
    Student(string name = "wayne",int age = 22,string sex = "male"){
        name = name;
        age = age;
        sex = sex;
        totalNumber++;
    }
private:
    string name;
    int age;
    string sex;
};
int Student::totalNumber = 0;
int main(){
    cout<<" begin!"<< endl;
    Student wayne("wayne",22,"male");
    Student hedy("hedy",18,"female");
    Student brother("brother",24,"male");
```

```
    cout<<"student's total:"<< Student::totalNumber<< endl;
    cout<<"student's total:"<< wayne.totalNumber<< endl;
    return 0;
}
```

结果如图 2-8 所示。

```
sa@sa-virtual-machine: ~/jsj/c++/static
sa@sa-virtual-machine:~/jsj/c++/static$ g++ static1.cpp
sa@sa-virtual-machine:~/jsj/c++/static$ ./a.out
 begin!
student's total:3
student's total:3
sa@sa-virtual-machine:~/jsj/c++/static$
```

图 2-8　编译 static1. cpp

2.2.2.4　静态成员函数

这里复习一下 C++的静态成员函数。在 C++中，静态成员函数是类的一个特殊的成员函数；静态成员函数属于整个类所有，没有 this 指针；静态成员函数只能直接访问静态成员变量和静态成员函数；可以通过类名直接访问类的公有静态成员函数；可以通过对象名访问类的公有静态成员函数；定义静态成员函数，直接使用 static 关键字修饰即可。

下面用 vim 编写第 4 个 C++程序 static2. cpp。

```
sa@sa-virtual-machine:~/jsj/c++/static $ vim static2.cpp        //代码如下
```

```
#include<iostream>
#include<string>
using namespace std;
class Student
{
public:
    static int totalNumber;
    int getAge(){
        return this->age;
    }
    Student(string name = "wayne",int age = 22,string sex = "male"){
        name = name;
        age = age;
        sex = sex;
        totalNumber++;
    }
    static int getTotal(){
        return totalNumber;
    }
private:
    string name;
```

```
    int age;
    string sex;
};
int Student::totalNumber = 0;
int main(){
    cout<<"this is the beginning!"<< endl;
    Student wayne("wayne",22,"male");
    Student hedy("hedy",18,"female");
    Student brother("brother",24,"male");
    cout<<"student's total:"<< Student::getTotal()<< endl;
    cout<<"student's total:"<< wayne.getTotal()<< endl;
    return 0;
}
```

结果如图 2-9 所示。

```
sa@sa-virtual-machine: ~/jsj/c++/static
sa@sa-virtual-machine:~/jsj/c++/static$ g++ static2.cpp
sa@sa-virtual-machine:~/jsj/c++/static$ ./a.out
this is the beginning!
student's total:3
student's total:3
sa@sa-virtual-machine:~/jsj/c++/static$
```

图 2-9　编译 static2. cpp

2.3　C/C++程序的交叉编译

【目的与要求】

- 了解使用交叉编译的原因
- 掌握设置环境变量 PATH 的方法
- 会使用交叉编译工具编译 C 程序和 C++程序

2.3.1　交叉开发环境的特点

嵌入式系统通常是一个资源受限的系统,因此直接在嵌入式系统的硬件平台上编写软件比较困难,有时候甚至是不可能的。目前一般采用的解决办法是:首先在通用计算机上编写程序,然后通过交叉编译生成目标平台上可以运行的二进制代码格式,最后再下载到目标平台的特定位置上运行。

嵌入式应用软件开发时的一个显著特点就是需要交叉开发环境(Cross Development Environment)的支持。交叉开发环境是指编译、链接和调试嵌入式应用软件的环境,它与运行嵌入式应用软件的环境有所不同,通常采用宿主机/目标机模式,如图 2-10 所示。

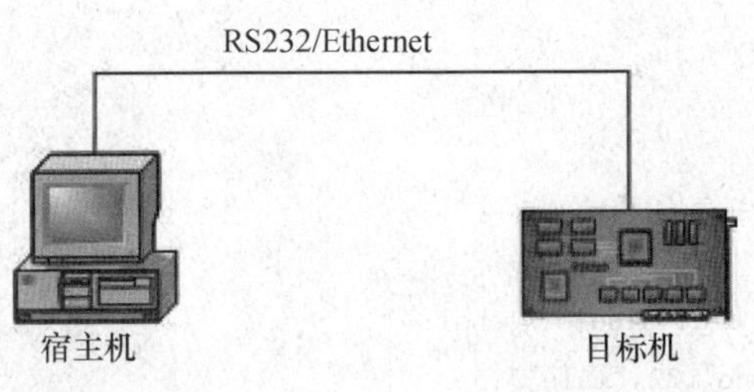

图 2-10　交叉开发环境

2.3.2　交叉开发环境的组成要素

1. 宿主机

宿主机(Host)是一台通用计算机(如 PC 或者工作站),它通过串口或者以太网接口与目标机通信。宿主机的软硬件资源比较丰富,不但包括功能强大的操作系统(如 Windows 和 Linux),而且还有各种各样优秀的开发工具(如 Qt Creator 和 Microsoft 的 Embedded Visual C++等),能够大大提高嵌入式应用软件的开发速度和效率。

2. 目标机

目标机(Target)一般在嵌入式应用软件开发期间使用,用来区别与嵌入式系统通信的宿主机,它可以是嵌入式应用软件的实际运行环境,也可以是能够替代实际运行环境的仿真系统,但软硬件资源通常都比较有限。嵌入式系统的交叉开发环境一般包括交叉编译器、交叉调试器和系统仿真器,其中交叉编译器用于在宿主机上生成能在目标机上运行的代码,而交叉调试器和系统仿真器则用于在宿主机与目标机间完成嵌入式软件的调试。

在采用宿主机/目标机模式开发嵌入式应用软件时,首先利用宿主机上丰富的资源和良好的开发环境开发和仿真调试目标机上的软件,然后通过串口或者用网络将交叉编译生成的目标代码传输并装载到目标机上,并在监控程序或者操作系统的支持下利用交叉调试器进行分析和调试,最后目标机在特定环境下脱离宿主机单独运行。

2.3.3　安装交叉编译器

(1)将 arm-Linux-gcc-4.5.1-v6-vfp-20101103.tgz 交叉编译器拷贝到前面构建的共享文件夹 share 目录下,如图 2-11 所示。

(2)执行如下命令进行解压 arm-Linux-gcc-4.5.1-v6-vfp-20101103.tgz 交叉编译器,如下所示。

```
sa@sa-virtual-machine:~$ cp  arm-Linux-gcc-4.5.1-v6-vfp-20101103.tgz  /home/sa
sa@sa-virtual-machine:~$ cd  /home/sa
sa@sa-virtual-machine:~$ sudo  tar xzvf arm-Linux-gcc-4.5.1-v6-vfp-20101103.tgz  -C/
```

(3)交叉编译器解压完成之后，在/opt/FriendlyARM/toolschain/4.5.1/bin 目录下生成各种交叉编译器文件，如图 2-12 所示。

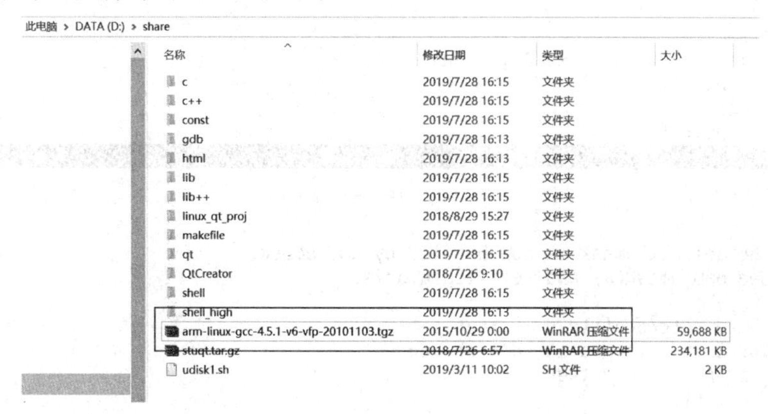

图 2-11 交叉编译器拷贝到共享文件夹

```
sa@sa-virtual-machine: /opt/FriendlyARM/toolschain/4.5.1/bin
sa@sa-virtual-machine:/opt/FriendlyARM/toolschain/4.5.1/bin$ clear

sa@sa-virtual-machine:/opt/FriendlyARM/toolschain/4.5.1/bin$ pwd
/opt/FriendlyARM/toolschain/4.5.1/bin
sa@sa-virtual-machine:/opt/FriendlyARM/toolschain/4.5.1/bin$ ls
arm-linux-addr2line  arm-none-linux-gnueabi-addr2line
arm-linux-ar         arm-none-linux-gnueabi-ar
arm-linux-as         arm-none-linux-gnueabi-as
arm-linux-c++        arm-none-linux-gnueabi-c++
arm-linux-cc         arm-none-linux-gnueabi-cc
arm-linux-c++filt    arm-none-linux-gnueabi-c++filt
arm-linux-cpp        arm-none-linux-gnueabi-cpp
arm-linux-g++        arm-none-linux-gnueabi-g++
arm-linux-gcc        arm-none-linux-gnueabi-gcc
arm-linux-gcc-4.5.1  arm-none-linux-gnueabi-gcc-4.5.1
arm-linux-gccbug     arm-none-linux-gnueabi-gccbug
arm-linux-gcov       arm-none-linux-gnueabi-gcov
arm-linux-gprof      arm-none-linux-gnueabi-gprof
arm-linux-ld         arm-none-linux-gnueabi-ld
arm-linux-ldd        arm-none-linux-gnueabi-ldd
arm-linux-nm         arm-none-linux-gnueabi-nm
arm-linux-objcopy    arm-none-linux-gnueabi-objcopy
arm-linux-objdump    arm-none-linux-gnueabi-objdump
arm-linux-populate   arm-none-linux-gnueabi-populate
```

图 2-12 交叉编译工具

(4)设置交叉编译器环境变量。

为了实现一开机就自动设置 PATH，可修改/etc/profile 文件。执行命令如下。

```
sa@sa-virtual-machine:~$ sudo vim/etc/profile
```

打开文件之后，添加“export PATH =/opt/FriendlyARM/toolschain/4.5.1/bin:$PATH”，如图 2-13 所示。

(5)输入以下命令，使设置的环境变量生效。

```
sa@sa-virtual-machine:~$  source  /etc/profile
```

(6)检查交叉工具链版本，输入以下命令，结果如图 2-14 所示。

```
sa@sa-virtual-machine:~$  arm-Linux-gcc -v
```

```
    . /etc/bash.bashrc
  fi
 else
  if [ "`id -u`" -eq 0 ]; then
    PS1='# '
  else
    PS1='$ '
  fi
 fi
fi

# The default umask is now handled by pam_umask.
# See pam_umask(8) and /etc/login.defs.

if [ -d /etc/profile.d ]; then
  for i in /etc/profile.d/*.sh; do
    if [ -r $i ]; then
      . $i
    fi
  done
  unset i
fi
export PATH=$PATH:/opt/FriendlyARM/toolschain/4.5.1/bin/

                                          32,0-1        底端
```

图 2-13　设置交叉编译器环境变量

```
sa@sa-virtual-machine:/opt/FriendlyARM/toolschain/4.5.1/bin
Using built-in specs.
COLLECT_GCC=arm-linux-gcc
COLLECT_LTO_WRAPPER=/opt/FriendlyARM/toolschain/4.5.1/libexec/gcc/arm-none-linux
-gnueabi/4.5.1/lto-wrapper
Target: arm-none-linux-gnueabi
Configured with: /work/toolchain/build/src/gcc-4.5.1/configure --build=i686-buil
d_pc-linux-gnu --host=i686-build_pc-linux-gnu --target=arm-none-linux-gnueabi --
prefix=/opt/FriendlyARM/toolschain/4.5.1 --with-sysroot=/opt/FriendlyARM/toolsch
ain/4.5.1/arm-none-linux-gnueabi/sys-root --enable-languages=c,c++ --disable-mul
tilib --with-cpu=arm1176jzf-s --with-tune=arm1176jzf-s --with-fpu=vfp --with-flo
at=softfp --with-pkgversion=ctng-1.8.1-FA --with-bugurl=http://www.arm9.net/ --d
isable-sjlj-exceptions --enable-__cxa_atexit --disable-libmudflap --with-host-li
bstdcxx='-static-libgcc -Wl,-Bstatic,-lstdc++,-Bdynamic -lm' --with-gmp=/work/to
olchain/build/arm-none-linux-gnueabi/build/static --with-mpfr=/work/toolchain/bu
ild/arm-none-linux-gnueabi/build/static --with-ppl=/work/toolchain/build/arm-non
e-linux-gnueabi/build/static --with-cloog=/work/toolchain/build/arm-none-linux-g
nueabi/build/static --with-mpc=/work/toolchain/build/arm-none-linux-gnueabi/buil
d/static --with-libelf=/work/toolchain/build/arm-none-linux-gnueabi/build/static
 --enable-threads=posix --with-local-prefix=/opt/FriendlyARM/toolschain/4.5.1/ar
m-none-linux-gnueabi/sys-root --disable-nls --enable-symvers=gnu --enable-c99 --
enable-long-long
Thread model: posix
gcc version 4.5.1 (ctng-1.8.1-FA)
sa@sa-virtual-machine:/opt/FriendlyARM/toolschain/4.5.1/bin$
```

图 2-14　测试 arm-Linux-gcc -v 版本

2.3.4　编译 X86 环境下的 C 程序

输入以下命令，结果如图 2-15 所示。可见 hello_x86 是一个 32 位的二进制可执行文件，运行环境是 Intel 80386。

```
sa@sa-virtual-machine:~$ cd  /home/sa/jsj
sa@sa-virtual-machine:~/jsj $  vim hello.c    //写一个简单的 C 程序如下
```

```
#include<stdio.h>
int main(){
printf("hello world\n");
return 0;
}
```

```
sa@sa-virtual-machine:~/jsj $  gcc  hello.c  -o  hello_x86
sa@sa-virtual-machine:~/jsj $  ./hello_x86
sa@sa-virtual-machine:~$  file hello_x86
```

```
sa@sa-virtual-machine:~/jsj$ vim hello.c
sa@sa-virtual-machine:~/jsj$ gcc hello.c -o hello_x86
sa@sa-virtual-machine:~/jsj$ ./hello_x86
hello world
sa@sa-virtual-machine:~/jsj$ file hello_x86
hello_x86: ELF 32-bit LSB  executable, Intel 80386, version 1 (SYSV), dynamicall
y linked (uses shared libs), for GNU/Linux 2.6.24, BuildID[sha1]=2cb85fdd895d6f3
44b26e0a8aa228e9af4cead25, not stripped
sa@sa-virtual-machine:~/jsj$
```

图 2-15　编译运行 PC 版的 C 程序

2.3.5　编译 ARM 环境下的 C 程序

用交叉编译器 arm-Linux-gcc 编译 hello.c，输入以下命令，结果如图 2-16 所示。可见 hello_arm 也是一个 32 位的二进制可执行文件，但运行环境是 ARM，在当前 Intel 80386 环境下不能执行。

```
sa@sa-virtual-machine:~/jsj $  arm-Linux-gcc  hello.c  -o hello_arm
```

```
sa@sa-virtual-machine:~/jsj$ arm-linux-gcc hello.c -o hello_arm
sa@sa-virtual-machine:~/jsj$ ./hello_arm
bash: ./hello_arm: cannot execute binary file: 可执行文件格式错误
sa@sa-virtual-machine:~/jsj$ file hello_arm
hello_arm: ELF 32-bit LSB  executable, ARM, EABI5 version 1 (SYSV), dynamically
linked (uses shared libs), for GNU/Linux 2.6.27, not stripped
sa@sa-virtual-machine:~/jsj$
```

图 2-16　交叉编译 ARM 版本的 C 程序

2.4　静态库与动态库

【目的与要求】

- 了解使用静态库、动态库的原因
- 掌握静态库制作、使用方法
- 掌握动态库制作、使用方法
- 比较使用静态库与动态库生成的可执行文件的区别

在 Linux 操作系统中，依据函数库是否被编译到程序内部，将其分为两大类：静态函数库和动态函数库。Linux 系统下的函数库放在/lib 或/usr/lib 目录下，头文件放在/usr/include 目录下。在既有静态库又有动态库的情况下，默认使用动态库，如果强制使用静态库则需要加-static 选项支持。

2.4.1 静态库的创建与应用

1. 静态库

(1)静态库在 Windows 系统下的拓展名通常为". lib"，在 Linux 系统下的扩展名为". a"。

(2)静态库在编译时会直接整合到执行程序当中，因此用静态库编译成的文件会比较大。

(3)静态库的优点：用其编译成功的可执行文件可以独立执行，不需要再向外部要求读取函数库的内容。

(4)静态库的缺点：因为静态库是直接整合到可执行文件中的，所以当其改变时，整个可执行文件都要重新编译才能将新的函数库整合到程序中，所以升级静态库会比较麻烦，另外生成的文件比较大。

2. 静态库的制作练习

```
sa@sa-virtual-machine:~$ mkdir  -p  /home/sa/jsj/lib/静态库/lib5
sa@sa-virtual-machine:~$ cd/home/sa/jsj/lib/静态库/lib5
sa@sa-virtual-machine:~/jsj/lib/静态库/lib5 $  vim  myfun. h  //myfun. h 代码如下
```

```
#ifndef MYFUN_H
#define MYFUN_H
int add(int m,int n);
#endif
```

```
sa@sa-virtual-machine:~/jsj/lib/静态库/lib5 $  vim  myfun. c  //myfun. c 代码如下
```

```
intadd(int m,int n){
        return m + n;
}
```

```
sa@sa-virtual-machine:~/jsj/lib/静态库/lib5 $ vim main. c//main. c 代码如下
```

```
#include<stdio. h>
#include"myfun. h"
int main(){
        int a = 3;
        int b = 5;
        printf("a + b = %d\n",add(a,b));
        return 0;
}
```

制作目标文件：

```
sa@sa-virtual-machine:~/jsj/lib/静态库/lib5 $ gcc - c myfun. c - o myfun. o
```

制作静态库(静态库名为 myfun,前缀为“lib”,后缀为“. a”)：

```
sa@sa-virtual-machine:~/jsj/lib/静态库/lib5 $ ar rcv  libmyfun. a  myfun. o
```

使用静态库：

```
sa@sa-virtual-machine:~/jsj/lib/静态库/lib5 $ gcc  main. c -o main  -L. -lmy-
fun
```

结果如图 2-17 所示。

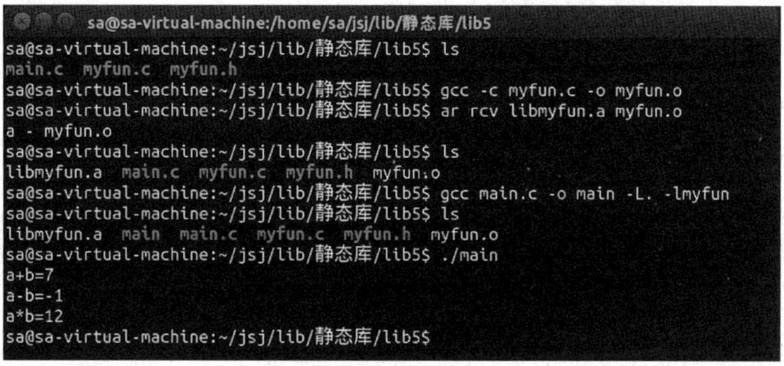

```
sa@sa-virtual-machine:/home/sa/jsj/lib/静态库/lib5
sa@sa-virtual-machine:~/jsj/lib/静态库/lib5$ ls
main.c  myfun.c  myfun.h
sa@sa-virtual-machine:~/jsj/lib/静态库/lib5$ gcc -c myfun.c -o myfun.o
sa@sa-virtual-machine:~/jsj/lib/静态库/lib5$ ar rcv libmyfun.a myfun.o
a - myfun.o
sa@sa-virtual-machine:~/jsj/lib/静态库/lib5$ ls
libmyfun.a  main.c  myfun.c  myfun.h  myfun.o
sa@sa-virtual-machine:~/jsj/lib/静态库/lib5$ gcc main.c -o main -L. -lmyfun
sa@sa-virtual-machine:~/jsj/lib/静态库/lib5$ ls
libmyfun.a  main  main.c  myfun.c  myfun.h  myfun.o
sa@sa-virtual-machine:~/jsj/lib/静态库/lib5$ ./main
a+b=7
a-b=-1
a*b=12
sa@sa-virtual-machine:~/jsj/lib/静态库/lib5$
```

图 2-17　制作和应用静态库

2.4.2　动态库的创建与应用

1. 动态库(共享库)

动态库又称动态链接库,是一个包含可由多个程序同时使用的代码和数据的库。动态链接库提供了一种方法,使进程可以调用不属于其可执行代码的函数。动态库有助于共享数据和资源。使用动态库编译出来的文件不可以被独立执行,且可执行文件里的指向是固定的,即程序读取动态库的路径是一定的,所以动态库不可以随便移动或删除。在 Linux 系统下动态库后缀为“.so”。

2. 动态库的制作练习

```
sa@sa-virtual-machine:~ $ mkdir  -p  /home/sa/jsj/lib/动态库/lib
sa@sa-virtual-machine:~ $ cd/home/sa/jsj/lib/动态库/lib
sa@sa-virtual-machine:~/jsj/lib/动态库/lib $  vim  myfun. h  //myfun. h 代
码如下
```

```
#ifndef MYFUN_H
#define MYFUN_H
        int  add(intm,int n);
        int  reduce(intm,int n);
        int mul(int,int);
#endif
```

sa@sa-virtual-machine:~/jsj/lib/动态库/lib $ vim myfun. c //myfun. c 代码如下

```
int add(int m,int n){
      return m+n;
}
int reduce(int m,int n){
      return m-n;
}
int  mul(int m,int n){
      return m*n;
}
```

sa@sa-virtual-machine:~/jsj/lib/动态库/lib $ vim main. c //main. c 代码如下

```
#include<stdio.h>
#include"myfun.h"
int main(){
        int a=3;
        int b=4;
        printf("a+b=%d\n",add(a,b));
        printf("a-b=%d\n",reduce(a,b));
        printf("a*b=%d\n",mul(a,b));
        return 0;
 }
```

sa@sa-virtual-machine:~/jsj/lib/动态库/lib $ gcc -c myfun. c -o myfun. o
sa@sa-virtual-machine:~/jsj/lib/动态库/lib $ gcc -shared -fPIC -o libmyfun. so myfun. o //动态库名为 myfun,前缀为 lib,后缀为 so.
sa@sa-virtual-machine:~/jsj/lib/动态库/lib $ cp libmyfun. so /usr/lib
sa@sa-virtual-machine:~/jsj/lib/动态库/lib $ gcc main. c -o main -lmyfun

结果如图 2-18 所示。

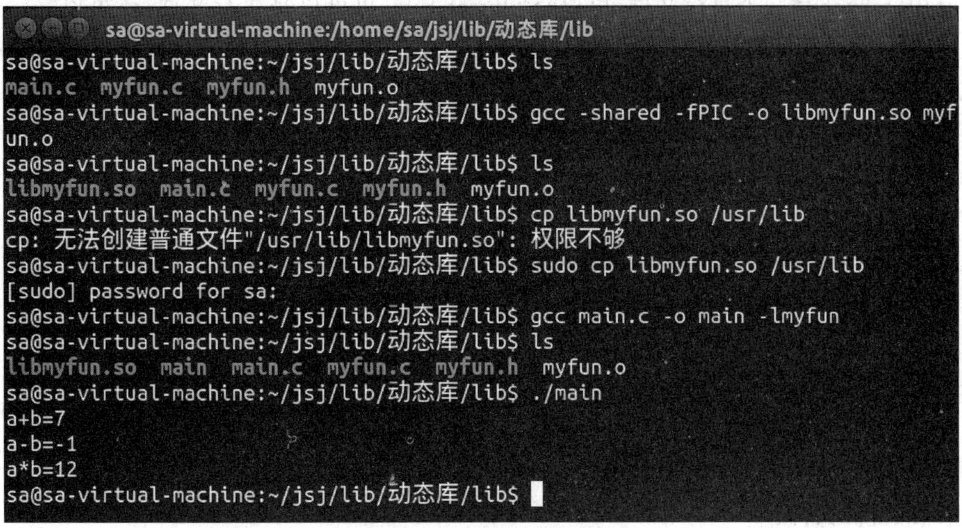

```
sa@sa-virtual-machine:/home/sa/jsj/lib/动态库/lib
sa@sa-virtual-machine:~/jsj/lib/动态库/lib$ ls
main.c  myfun.c  myfun.h  myfun.o
sa@sa-virtual-machine:~/jsj/lib/动态库/lib$ gcc -shared -fPIC -o libmyfun.so myf
un.o
sa@sa-virtual-machine:~/jsj/lib/动态库/lib$ ls
libmyfun.so  main.c  myfun.c  myfun.h  myfun.o
sa@sa-virtual-machine:~/jsj/lib/动态库/lib$ cp libmyfun.so /usr/lib
cp: 无法创建普通文件"/usr/lib/libmyfun.so": 权限不够
sa@sa-virtual-machine:~/jsj/lib/动态库/lib$ sudo cp libmyfun.so /usr/lib
[sudo] password for sa:
sa@sa-virtual-machine:~/jsj/lib/动态库/lib$ gcc main.c -o main -lmyfun
sa@sa-virtual-machine:~/jsj/lib/动态库/lib$ ls
libmyfun.so  main  main.c  myfun.c  myfun.h  myfun.o
sa@sa-virtual-machine:~/jsj/lib/动态库/lib$ ./main
a+b=7
a-b=-1
a*b=12
sa@sa-virtual-machine:~/jsj/lib/动态库/lib$
```

图 2-18 制作和使用动态库

2.5 make 工具

【目的与要求】

- 了解使用 make 工具的原因
- 掌握 Makefile 文件制作的基本规则
- 会使用 make 工具

Makefile 文件描述了整个工程的编译、链接等规则，其中包括：工程中的哪些源文件需要编译以及如何编译，需要创建哪些库文件以及如何创建这些库文件，如何产生用户需要的可执行文件。Makefile 文件中描述了整个工程所有文件的编译顺序、编译规则。像 C 语言有自己的格式、关键字和函数一样，Makefile 有自己的书写格式、关键字、函数。而且在 Makefile 中可以使用系统 shell 所提供的任何命令来完成想要的工作。在绝大多数的 IDE 开发环境中都在使用 Makefile，它已经成为一种工程的编译方法。

make 是一个命令工具，解释 Makefile 中的指令。

Makefile 文件准备好之后，在 Makefile 文件所在的目录下敲入 make 这个命令就可以了，根据 Makefile 文件，系统会告诉 make 命令需要如何去编译和链接目标程序。

首先来粗略地看一看 Makefile 的规则。

```
target…:prerequisites…
command
…
…
目标:依赖
执行指令…
```

其中，target是一个目标文件，可以是Object File，也可以是执行文件，还可以是一个标签(Label)。prerequisites就是要生成target所需要的文件或是目标。command是make需要执行的命令(任意的shell命令)。

这是一个文件的依赖关系，也就是说，target这一个或多个的目标文件依赖于prerequisites中的文件，其生成规则定义在command中。也就是说，prerequisites中如果有一个以上的文件比target文件要新的话，command所定义的命令就会被执行(command一定要以Tab键开始，否则编译器无法识别command)。下面进行Makefile制作与make使用的练习。

1. 练习一

```
sa@sa-virtual-machine:~$ mkdir  -p  /home/sa/jsj/makefile/m2
sa@sa-virtual-machine:~$ cd  /jsj/makefile/m2
```

(1)准备源文件。

```
sa@sa-virtual-machine:~/jsj/makefile/m2 $   vim add.c  //代码如下
```

```
#include"add.h"
intadd(int x,int y){
    return x+y;
}
```

```
sa@sa-virtual-machine:~/jsj/makefile/m2 $   vim add.h  //代码如下
```

```
#ifndef ADD_H
#define ADD_H
int add(int x,int y );
#endif
```

```
sa@sa-virtual-machine:~/jsj/makefile/m2 $   vim reduce.c  //代码如下
```

```
#include"reduce.h"
int reduce(int x,int y){
        return x-y;
}
```

```
sa@sa-virtual-machine:~/jsj/makefile/m2 $   vim reduce.h  //代码如下
```

```
#ifndef REDUCE_H
#define REDUCE_H
int reduce(int,int);
#endif
```

```
sa@sa-virtual-machine:~/jsj/makefile/m2 $   vim main.c  //代码如下
```

```
#include<stdio.h>
#include"add.h"
#include"reduce.h"
int main(){
      int a=3;
      int b=7;
      printf("sum=%d\n",add(a,b));
      printf("reduce=%d\n",reduce(a,b));
      return 0;
}
```

(2)制作 Makefile 文件。

```
sa@sa-virtual-machine:~/jsj/makefile/m2 $ vim Makefile   //代码如下
```

```
main:main.c add.o reduce.o
        gcc  main.c add.o reduce.o -o main
add.o:add.c
        gcc  -c  add.c  -o  add.o
reduce.o:reduce.c
        gcc  -c reduce.c -o  reduce.o
clean:
        rm  *.o  main
install:
        cp  main  /usr/local
```

(3)使用 Makefile 文件。

```
sa@sa-virtual-machine:~/jsj/makefile/m2 $  ls
add.c add.h main.c   Makefile reduce.c reduce.h
sa@sa-virtual-machine:~/jsj/makefile/m2 $  make
sa@sa-virtual-machine:~/jsj/makefile/m2 $  make install
sa@sa-virtual-machine:~/jsj/makefile/m2 $  make clean
sa@sa-virtual-machine:~/jsj/makefile/m2 $  cd/usr/local
sa@sa-virtual-machine:~/jsj/makefile/m2 $  ./main
```

结果如图 2-19 所示。

2. 练习二

(1)制作 Makefile 文件。上面的例子也可以通过制作动态库的形式生成 Makefile 文件。

```
sa@sa-virtual-machine:~ $ mkdir  -p  /home/sa/jsj/makefile/m3
sa@sa-virtual-machine:~ $ cd  /home/sa/jsj/makefile/m3
sa@sa-virtual-machine:~/jsj/makefile/m3 $ vim  Makefile  //代码如下
```

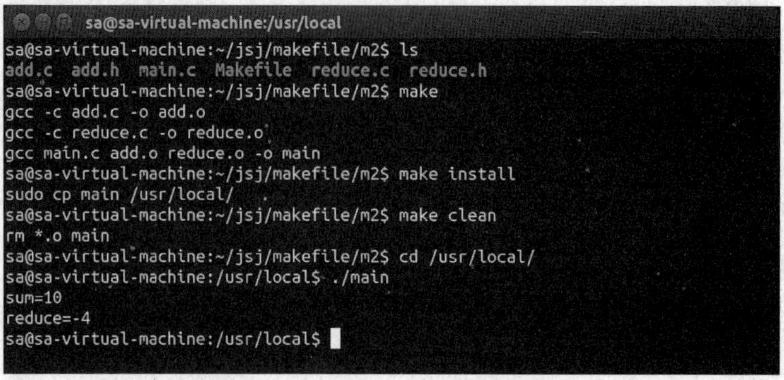

```
sa@sa-virtual-machine:/usr/local
sa@sa-virtual-machine:~/jsj/makefile/m2$ ls
add.c  add.h  main.c  Makefile  reduce.c  reduce.h
sa@sa-virtual-machine:~/jsj/makefile/m2$ make
gcc -c add.c -o add.o
gcc -c reduce.c -o reduce.o
gcc main.c add.o reduce.o -o main
sa@sa-virtual-machine:~/jsj/makefile/m2$ make install
sudo cp main /usr/local/
sa@sa-virtual-machine:~/jsj/makefile/m2$ make clean
rm *.o main
sa@sa-virtual-machine:~/jsj/makefile/m2$ cd /usr/local/
sa@sa-virtual-machine:/usr/local$ ./main
sum=10
reduce=-4
sa@sa-virtual-machine:/usr/local$
```

图 2-19　make 与 Makefile 应用 1

```
main:libmyadd.so libmyreduce.so
        gcc main.c -o main -lmyadd -lmyreduce
libmyadd.so:myadd.o
        gcc -shared -fPIC -o libmyadd.so myadd.o
        mv libmyadd.so/usr/lib/
myadd.o:add.c
        gcc -c add.c -o myadd.o
libmyreduce.so:myreduce.o
        gcc -shared -fPIC -o libmyreduce.so myreduce.o
        mv libmyreduce.so/usr/lib/
myreduce.o:reduce.c
        gcc -c reduce.c -o myreduce.o
clean:
        rm myadd.o myreduce.o
install:
        cp main/usr/local
```

(2)使用 Makefile 文件。

```
sa@sa-virtual-machine:~/jsj/makefile/m3 $ ls
add.c add.h main.c  Makefile reduce.c reduce.h
sa@sa-virtual-machine:~/jsj/makefile/m3 $ make
sa@sa-virtual-machine:~/jsj/makefile/m3 $ make install
sa@sa-virtual-machine:~/jsj/makefile/m3 $ make clean
sa@sa-virtual-machine:~/jsj/makefile/m3 $ cd/usr/local
sa@sa-virtual-machine:~/jsj/makefile/m3 $./main
```

结果如图 2-20 所示。

3. 练习三

```
sa@sa-virtual-machine:~ $ mkdir  -p  /home/sa/jsj/makefile/m6
sa@sa-virtual-machine:~ $ cd  /home/sa/jsj/makefile/m6
sa@sa-virtual-machine:~/jsj/makefile/m6 $ vim  test.h  //代码如下
```

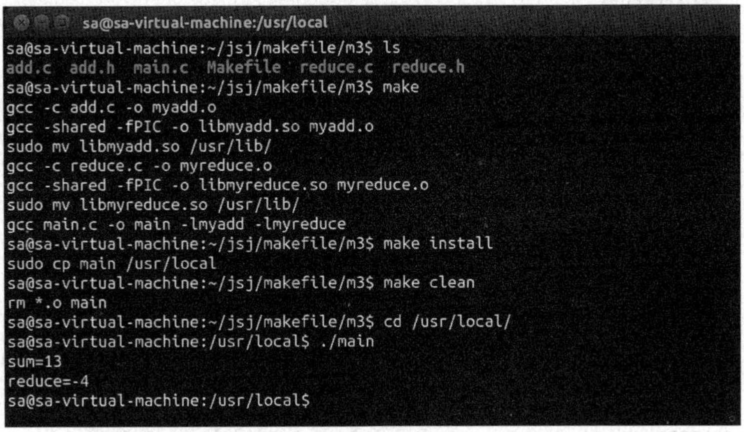

```
sa@sa-virtual-machine:/usr/local
sa@sa-virtual-machine:~/jsj/makefile/m3$ ls
add.c  add.h  main.c  Makefile  reduce.c  reduce.h
sa@sa-virtual-machine:~/jsj/makefile/m3$ make
gcc -c add.c -o myadd.o
gcc -shared -fPIC -o libmyadd.so myadd.o
sudo mv libmyadd.so /usr/lib/
gcc -c reduce.c -o myreduce.o
gcc -shared -fPIC -o libmyreduce.so myreduce.o
sudo mv libmyreduce.so /usr/lib/
gcc main.c -o main -lmyadd -lmyreduce
sa@sa-virtual-machine:~/jsj/makefile/m3$ make install
sudo cp main /usr/local
sa@sa-virtual-machine:~/jsj/makefile/m3$ make clean
rm *.o main
sa@sa-virtual-machine:~/jsj/makefile/m3$ cd /usr/local/
sa@sa-virtual-machine:/usr/local$ ./main
sum=13
reduce=-4
sa@sa-virtual-machine:/usr/local$
```

图 2-20　make 与 Makefile 应用 2

```
#ifndef TEACHER_H
#define TEACHER_H
using namespace std;
#include<string>
class Person
{
private:
    int no;
    string name;
public:
    Person(int n=1,string  na="" ):no(n),name(na){}
    void disp();
};
class Student:public Person
{
private:
    int grade;
    double credit;
public:
    Student(int n=1,string na="",int g=1,double cre=0.0):Person(n,na){
        grade=g;
        credit=cre;
    }
    void disp();
};
class Teacher:public Person
{
private:
    string  academic_title ;
```

```
    string  department;
public:
    Teacher(string  na = "",string  aca = "",string  dep = "",int n = 1):Person(n,na){
        academic_title = aca;
        department = dep;
}
    void disp();
};
#endif
```

sa@sa-virtual-machine:~/jsj/makefile/m6 $ vim test.cpp //代码如下

```
#include<iostream>
using namespace std;
#include<string>
#include"test.h"
void Person::disp(){
        cout<<"no = "<<no<<""<<"name = "<<name<<endl;
}
void Student::disp(){
        Person::disp();
        cout<<"grade = "<<grade<<""<<"credit = "<<credit<<endl;
}
void Teacher::disp(){
        Person::disp();
        cout<<"department = "<<department<<""<<"acaemic_title = "<<academic_title<<endl;}
```

sa@sa-virtual-machine:~/jsj/makefile/m6 $ vim main.cpp //代码如下

```
#include<iostream>
#include<string>
#include"test.h"
using namespace std;
int main(){
        Student stu1(2,"zhangshan",1,4);
        stu1.disp();
        Teacher tea1("zhou","pref","IT");
        tea1.disp();
        return 0;
}
```

sa@sa-virtual-machine:~/jsj/makefile/m6 $ vim Makefile //代码如下

```
main:main.cpp libtest.so
        g++ main.cpp -o main -ltest
```

```
libtest.so:test.o
        g++ -shared -fPIC -o libtest.so test.o
        sudo mv libtest.so/usr/lib/
test.o:test.cpp
        g++ -c test.cpp -o test.o
clean:
        rm *.so *.o
```

```
sa@sa-virtual-machine:~/jsj/makefile/m6 $ make
sa@sa-virtual-machine:~/jsj/makefile/m6 $ ./main
```

结果如图 2-21 所示。

```
sa@sa-virtual-machine:~/jsj/makefile/m6$ make
g++ -c test.cpp -o test.o
g++ -shared -fPIC -o libtest.so test.o
sudo mv libtest.so /usr/lib/
[sudo] password for sa:
g++ main.cpp -o main -ltest
sa@sa-virtual-machine:~/jsj/makefile/m6$ ls
main  main.cpp  Makefile  test.cpp  test.h  test.o
sa@sa-virtual-machine:~/jsj/makefile/m6$ ./main
no=2 name=zhangshan
grade=1 credit=4
no=1 name=zhou
department=IT acaemic_title=pref
```

图 2-21　使用 make 编译 C++程序

【思考与练习】

一、填空题

1. 查看系统环境变量 PATH 值的命令是__________。

2. Linux 是一种类__________系统。Linux 操作系统包括内核和大量应用程序，这些软件大部分来源于 GNU 软件工程。

3. 在输入命令或文件名的时候，可以按__________，系统会试图补齐此时的命令或文件名。

4. 嵌入式系统一般包含__________、__________、__________、__________。

5. 一般情况下，Linux 下的大多数函数都将头文件放到系统__________目录下，而库文件则放到__________目录下。

6. ______________是一个解释 Makefile 文件中指令的命令工具，其最基本的功能是通过 Makefile 文件来描述源程序之间的相互关系并自动维护编译工作。

7. 安装 g++的命令是__________。

8. ARM 处理器是一种低功耗、高性能的__________位 RISC 处理器。

9. gcc 编译 C 语言源程序要经过__________、__________、__________、__________ 4 个阶段。

二、判断题

1. 执行命令 tar czvf　arm-Linux-gcc-4. 5. 1-v6-vfp-2010. tgz　－C/ 可以把交叉编辑工具解压到/opt。(　　)

2. 为了开机就自动设置 PATH,可以修改/etc/profile 文件。(　　)

3. 执行 gcc hello. c,如果编译成功,将会生成 a. out 的文件。(　　)

4. 用交叉编译器编译 hello. c 的命令是 arm-Linux-gcc　hello. c -p hello。(　　)

5. 用 file 命令可以查看文件的类型。(　　)

6. 输入命令 source /etc/profile 可以使用设置的环境变量生效 。(　　)

7. 每个 C++程序都至少有一个类。(　　)

8. Samba 服务器能实现 Windows 和 Linux 系统的主机之间的文件共享。(　　)

三、选择题

1. 在编译 PC 版的 Qt 库之前,需要安装 XLib 库,包括(　　)

A. libx11-dev　　B. libxext-dev　　C. libxtst-dev　　D. libxar-dev

2. 以下挂载光盘的方法中,正确的是(　　)

A. mount　/mnt/cdrom　　B. mount　/dev/cdrom　/mnt/cdrom

C. mount　/dev/cdrom　　D. umount　/mnt/cdrom　/dev/cdrom

四、简答题

1. 有一个 myfun. c 的文件,里面包含了用户自定义的一些函数,简述把它制作成静态库与动态库的方法。如果主函数是 main. c,如何应用静态库与动态库编译 main. c?

2. 编写一个 hello. c 的 C 程序,并描述一下 Linux 下 C 程序的预处理、汇编、编译、链接的过程。

3. make 工具的作用是什么?

Chapter 3

第3章 Qt开发环境搭建及应用程序开发

3.1 Qt技术简介

【目的与要求】

- 掌握 Qt Creator 的安装方法
- 了解 Qt Creator 与 Qt 的区别
- 掌握 Qt Creator 的配置方法
- 掌握简单 Qt 应用程序的开发
- 掌握 QText、QPushButton、QLineEdit、QLabl、QPainter 等常见类的使用
- 学会简单登录界面的设计与实现
- 学会简单记事本程序的设计与实现
- 学会简单电子相册的设计与实现
- 学会简单示波器三角函数波形图绘制的设计与实现

Qt 是一个已经形成事实上的标准的 C＋＋框架，它被用于高性能的跨平台软件开发。除了拥有扩展的 C＋＋类库以外，Qt 还提供了许多可用来直接快速编写应用程序的工具。此外，Qt 还具有跨平台能力，并能提供国际化支持。这一切确保了 Qt 应用程序的市场应用范围极为广泛。

自 1995 年以来，Qt 逐步进入商业领域，它已经成为全世界范围内数千种成功的应用程序的基础。Qt C＋＋框架一直是商业应用程序的核心。无论是跨国公司和大型组织，还是无数小型公司和组织都在使用 Qt。Qt 也是流行的 Linux 桌面环境 KDE 的基础（KDE 是所有主要的 Linux 发行版的一个标准组件）。Qt 4 在新增更多强大功能的同时，旨在比先前的 Qt 版本更易于扩展和使用。Qt 的类功能全面，提供一致性接口，更易于学习使用，可减轻开发人员的工作负担，提高编程人员的效率。另外，Qt 一直都是完全面向对象的，并且允许真正的组件编程。

3.1.1 Qt 支持的平台

Qt 4.8 可提供于下列平台：

- Windows（Microsoft Windows Vista，XP，2000，2003，NT4）
- Win CE 5.0 及以上版本
- Mac（Mac OS X）
- X11（Linux，Solaris，HP-UX，IRIX，AIX 以及其他 UNIX 系统）
- Embedded Linux

3.1.2 Qt 套件的组成

3.1.2.1 Qt Creator——跨平台 IDE

Qt Creator 是跨平台集成开发环境(IDE),专为 Qt 开发人员的需求量身定制。它包括:①高级 C++代码编辑器;②集成的 Gui 外观和版式设计器——Qt Designer;③项目和生成管理工具;④集成的上下文相关的帮助系统;⑤图形化调试器。

3.1.2.2 Qt 库

1. Qt Library

Qt Library 是一个拥有超过 400 个 C++类,同时不断扩展的库。它封装了用于端到端应用程序开发所需要的所有基础结构。优秀的 Qt 应用程序接口包括成熟的对象模型,内容丰富的集合类,图形用户界面编程与布局设计功能,数据库编程,网络,XML,国际化,OpenGL 集成等。

2. Qt Designer

Qt Designer 是一个功能强大的 Gui 布局与窗体构造器,能够在所有支持平台上,以本地化的视图外观与认知,快速开发高性能的用户界面。

3. Qt Assistant

Qt Assistant 是一个完全可自定义、重新分配的帮助文件或文档浏览器,又称作 Qt 助手。它的功能类似于 MSDN,支持 html 的子集(图片、超链、文本着色),支持目录结构、关键字索引和全文搜索,可以很方便地查找 Qt 的 API 帮助文档,它是编程人员必备、使用频率最高的工具之一。

4. Qt Demo

Qt Demo 是 Qt 例子和演示程序的加载器,有了这个工具,用户可以很方便地查看 Qt 提供的丰富多彩的案例程序,从中不仅可以看到程序运行的情况,还可以查看源码和文档。

5. qmake

qmake 是一个用于生成 Makefile(编译的规则和命令行)文件的命令行工具。它是 Qt 跨平台编译系统的基础。它的主要特点是可以读取 Qt 本身的配置,为程序生成平台相关的 Makefile 文件。

6. uic

uic 是一个用来编译 ui 文件的命令行工具,全称是 UI Compiler。它能把 .ui 文件转化为编译器可以识别的标准 C++文件,生成的文件是一个 .h 文件。这个工具通常情况下不需要用户去手动调用,qmake 会帮助用户管理 .ui 文件和调用 uic 工具。

7. moc

moc 是一个用来生成一些与信号和槽相关的底层代码的预编译工具,全称是 Meta Object Compiler,即元对象编译器。该工具处理带有 Q_OBJECT 宏的头文件,生成形如 moc_xxx.h、moc_xxx.cpp 的 C++代码,之后再与程序的代码一同编译。同样,这个命令行工具也不需要用户手动调用,qmake 会在适当的时候调用这个工具。

3.2 Linux 平台下 Qt 开发平台搭建

3.2.1 编译安装 X86 版 Qt 库

1. 安装 XLib 库

在编译 X86 版 Qt 库之前，需要安装 XLib 库，执行如下命令：

```
sa@sa-virtual-machine:~$ sudo apt-get install g++
sa@sa-virtual-machine:~$ sudo apt-get install libx11-dev libxext-dev libxtst-dev
```

2. 编译前的准备工作

(1)将源码包放入共享文件夹 share。

```
sa@sa-virtual-machine:~$ cp /mnt/hgfs/share/arm-qte-4.8.5-20131207.tar.gz.
sa@sa-virtual-machine:~$ tar  xzvf  arm-qte-4.8.5-20131207.tar.gz
sa@sa-virtual-machine:~$ cd arm-qte-4.8.5/
sa@sa-virtual-machine:~$ls
```

build.sh font mktarget qt-everywhere-opensource-src-4.8.5.tar.gz

```
sa@sa-virtual-machine:~/arm-qte-4.8.5 $  cp  qt-everywhere-opensource-src-4.8.5.tar.gz..
sa@sa-virtual-machine:~/arm-qte-4.8.5$ cd..
```

(2)解压 qt-everywhere-opensource-src-4.8.5.tar.gz。

```
sa@sa-virtual-machine:~$ tar xzvf qt-everywhere-opensource-src-4.8.5.tar.gz
sa@sa-virtual-machine:~$ cd qt-everywhere-opensource-src-4.8.5/
sa@sa-virtual-machine:~/qt-everywhere-opensource-src-4.8.5$ ls
```

```
bin              demos      LGPL_EXCEPTION.txt  projects.pro  translations
changes-4.8.5    doc        lib                 qmake         util
config.profiles  examples   LICENSE.FDL         README
config.tests     imports    LICENSE.GPL3        src
configure        include    LICENSE.LGPL        templates
configure.exe    INSTALL    mkspecs             tools
```

(3)制作 Makefile 文件。

```
sa@sa-virtual-machine:~/qt-everywhere-opensource-src-4.8.5$./configure
```

出现 Open Source Edition(开源版本)后,输入"O",再输入"yes",之后按下 Enter 键,结果如图 3-1 所示。

```
sa@sa-virtual-machine:~/qt-everywhere-opensource-src-4.8.5$ ./configure
Which edition of Qt do you want to use ?

Type 'c' if you want to use the Commercial Edition.
Type 'o' if you want to use the Open Source Edition.

o


This is the  Open Source Edition.

You are licensed to use this software under the terms of
the Lesser GNU General Public License (LGPL) versions 2.1.
You are also licensed to use this software under the terms of
the GNU General Public License (GPL) versions 3.

Type '3' to view the GNU General Public License version 3.
Type 'L' to view the Lesser GNU General Public License version 2.1.
Type 'yes' to accept this license offer.
Type 'no' to decline this license offer.

Do you accept the terms of either license?
```

图 3-1　X86 版 Qt 库配置

经过几分钟时间的运行配置之后,当出现如图 3-2 所示的信息时,则表示 X86 版 Qt 库配置成功。

```
Qt is now configured for building. Just run 'make'.
Once everything is built, you must run 'make install'.
Qt will be installed into /usr/local/Trolltech/Qt-4.8.5

To reconfigure, run 'make confclean' and 'configure'.
```

图 3-2　X86 版 Qt 库配置成功

(4)编译 X86 版 Qt 库

当 X86 版 Qt 库配置完成之后,执行 make 命令开始编译 X86 版 Qt 库。

```
sa@sa-virtual-machine:~/qt-everywhere-opensource-src-4.8.5$ make
```

(5)安装 X86 版 Qt 库

编译完成之后,执行 make install 命令则进行 X86 版 Qt 库的安装,Qt 库将安装在/usr/local/Trolltech/Qt-4.8.5 目录下。

```
sa@sa-virtual-machine:~/qt-everywhere-opensource-src-4.8.5$ sudo  make install
```

3.2.2　编译安装 ARM 版 Qt 库

1. 查看编译脚本 build.sh

进入 arm-qte-4.8.5 目录下,查看编译脚本 build.sh。执行以下命令,结果如图 3-3 所示。

```
sa@sa-virtual-machine:～＄ cd  arm-qte-4. 8. 5/
sa@sa-virtual-machine:～＄ls
```

build. sh font mktarget qt-everywhere-opensource-src-4. 8. 5. tar. gz

```
sa@sa-virtual-machine:～＄ cat build. sh
```

```
sa@sa-virtual-machine:~/arm-qte-4.8.5$ cat build.sh
#/bin/bash

QTVERSION=4.8.5
PKGNAME=qt-everywhere-opensource-src-${QTVERSION}
QTPACKAGE=${PKGNAME}.tar.gz
DESTDIR=/usr/local/Trolltech/QtEmbedded-${QTVERSION}-arm

[ -d ${PKGNAME} ] && rm -rf ${PKGNAME}
[ -d ${DESTDIR} ] && rm -rf ${DESTDIR}

rm -rf qt-everywhere-opensource-src-${QTVERSION}
tar xvzf $QTPACKAGE

#-----------------------------------------------------------
cd qt-everywhere-opensource-src-${QTVERSION}
echo yes | ./configure -opensource -embedded arm -xplatform qws/linux-arm-g++ -
webkit -qt-gfx-transformed -qt-libtiff -qt-libmng  -qt-mouse-tslib -qt-mouse-pc
-no-mouse-linuxtp -no-neon

make && make install
```

图 3-3 build. sh

主要代码说明：

“DESTDIR ＝/usr/local/Trolltech/QtEmbedded-＄{QTVERSION}-arm”表示 Qt 4. 8. 5 最终的安装路径是/usr/local/Trolltech/QtEmbedded-4. 8. 5-arm。

-opensource 开源版本。

-embedded arm 表示将编译针对 ARM 平台的 Embedded 版本。

-xplatform qws/Linux-arm-g＋＋ 表示使用 arm-Linux 交叉编译器进行编译。

-qt-mouse-tslib 表示将使用 tslib 来驱动触摸屏。

2. 编译安装 ARM 版 Qt 库

执行如下命令进行编译安装 ARM 版 Qt 库。

```
sa@sa-virtual-machine:～＄ sudo. /build. sh
```

编译安装完成之后，在/usr/local/Trolltech 目录下生成 QtEmbedded-4. 8. 5-arm 文件夹，Qt 库安装的路径如图 3-4 所示。

图 3-4 Qt 库安装的路径

3.2.3 安装配置 Qt Creator

3.2.3.1 安装 Qt Creator

1. 准备工作

执行以下命令，将 qt-creator-Linux-x86-opensource-2.4.1.bin 安装包放到共享目录 share 下。

```
sa@sa-virtual-machine:~$ cp/mnt/hgfs/share/qt-creator-Linux-x86-opensource-2.4.1.bin.
```

2. 安装 Qt Creator

(1)执行以下命令后，会弹出如图 3-5 所示的对话框，单击【Next】按钮。

```
sa@sa-virtual-machine:~$ sudo./qt-creator-Linux-x86-opensource-2.4.1.bin
```

(2)在弹出的如图 3-6 所示的对话框中，选择"I accept the agreement"单选钮，再单击【Next】按钮。

图 3-5 Qt Creator 安装第一步

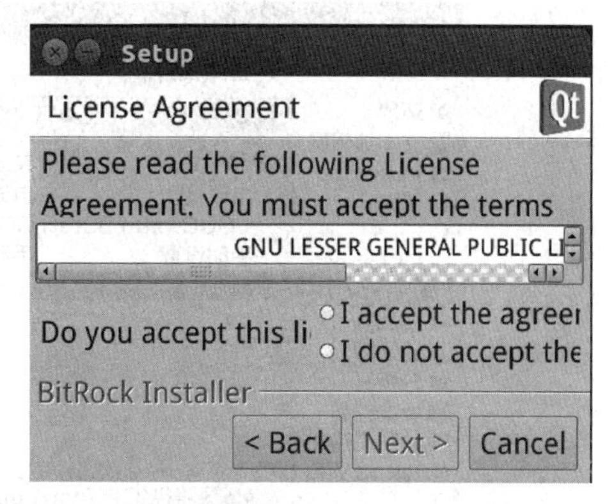

图 3-6 Qt Creator 安装第二步

(3)确定 Qt Creator 安装的路径，默认安装在/opt/qtcreator-2.4.1 目录下，如图 3-7 所示。

(4)余下步骤均单击【Next】按钮就可以了。

3.2.3.2 配置 X86 版 Qt 库

(1)打开 Qt Creator 开发环境，执行"工具→选项"菜单命令，选择"构建和运行"选项，在"Qt 版本"界面上单击【添加】按钮，选择/usr/local/Trolltech/Qt-4.8.5/bin 目录下的 qmake，如图 3-8 所示。

(2)在"工具链"界面上单击【添加】按钮，选择/usr/bin 目录下的 g++。如果没有安装 g++，则使

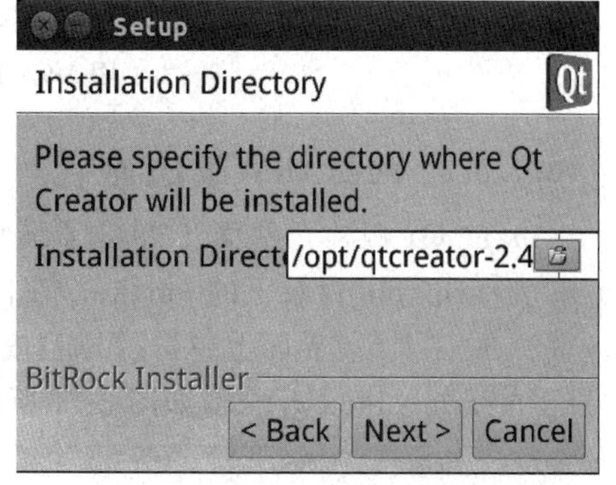

图 3-7 Qt Creator 安装第三步

用 apt-get install g++，安装 g++，如图 3-9 所示。

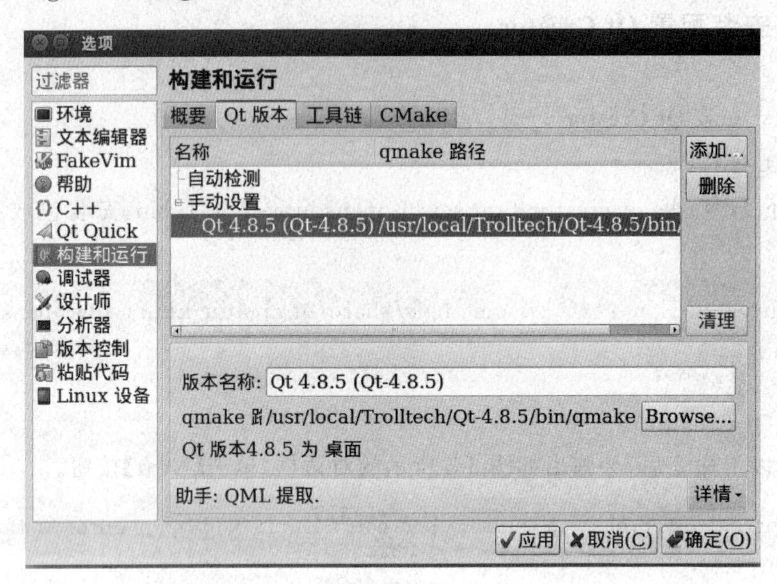

图 3-8　确定 X86 环境下的 qmake 工具

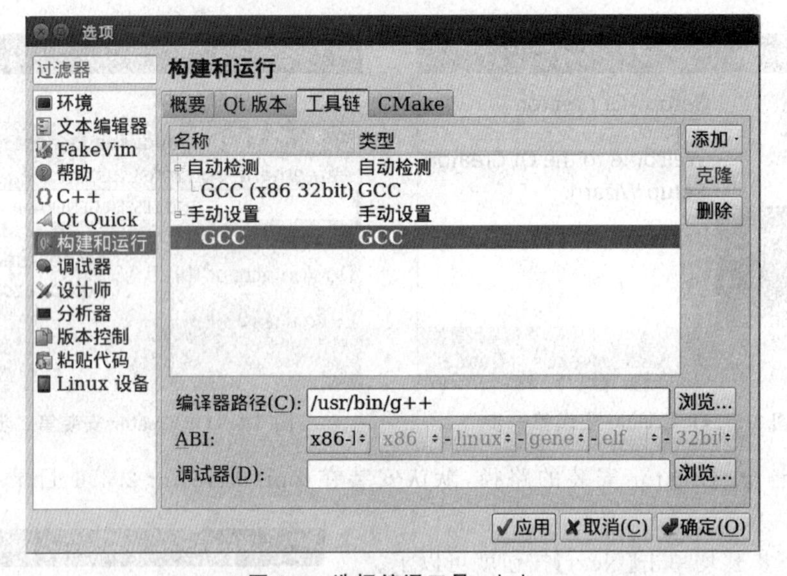

图 3-9　选择编译工具 g++

3.2.3.3　配置 ARM 版 Qt 库

(1)在“Qt 版本”界面上单击【添加】按钮，选择/usr/local/Trolltech/QtEmbedded-4.8.5-arm/bin 目录下的 qmake，如图 3-10 所示。

(2)在“工具链”界面上单击【添加】按钮，选择/opt/FriendlyARM/toolschain/4.5.1/bin 目录下的 arm-Linux-g++，如图 3-11 所示。

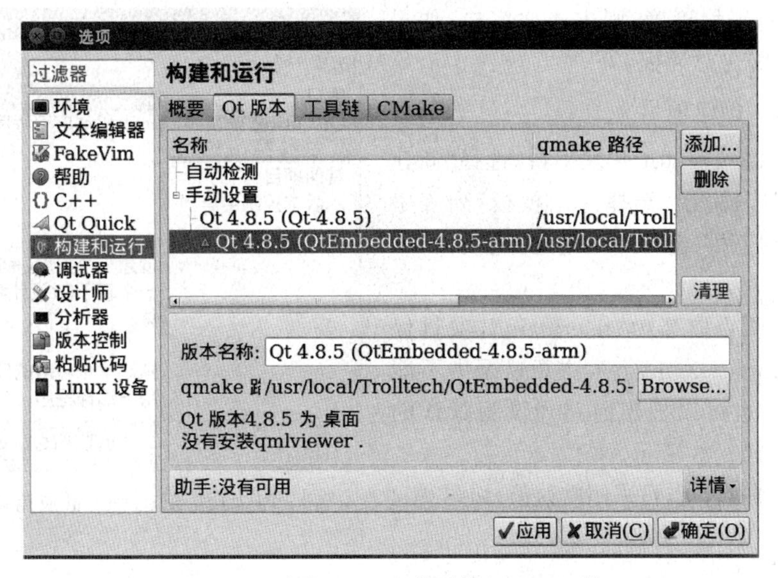

图 3-10　确定 ARM 环境下的 qmake 工具

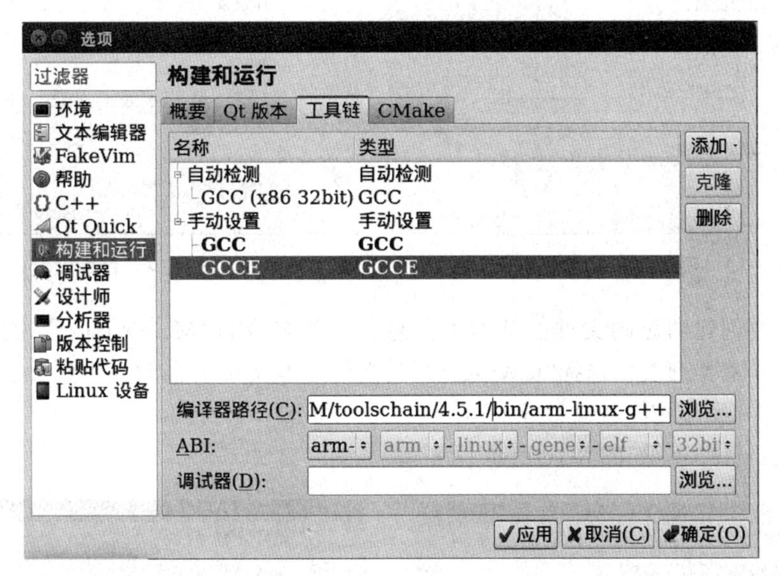

图 3-11　选择交叉编译工具

3.3　Linux 平台下 Qt 程序开发

3.3.1　用户登录程序

3.3.1.1　程序功能

用户登录程序功能主要实现在弹出的对话框中填写用户名和密码，单击【登录】按钮，如果用户名和密码均正确，则进入主窗口；如果有错，则弹出警告对话框。

3.3.1.2 创建项目

(1)打开 Qt Creator 开发平台，选择“新建文件与工程”选项，在“选择一个模板”列表中选择“Qt Gui 应用”选项，单击【选择】按钮，如图 3-12 所示。

(2)为该项目取名为“userlogin”，项目保存路径为“/home/sa/myqt”，注意目录中不能有中文名称。也可以把当前路径设为默认的工程路径，如图 3-13 所示。

(3)设置项目目标，可采用默认值，如图 3-14 所示。

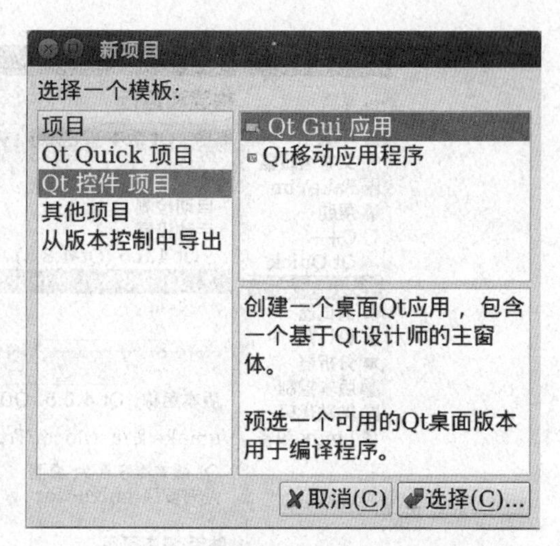

图 3-12 新建 Qt Gui 应用模板

图 3-13 项目名和保存位置

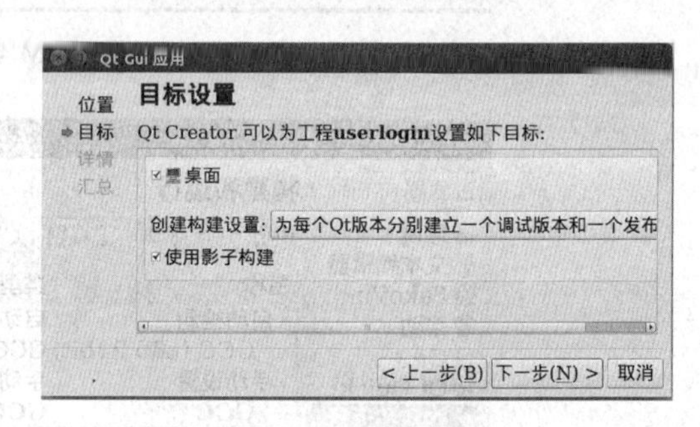

图 3-14 目标设置

(4)设置要创建的源码文件的基本类信息。如类名设为“MainWidget”，类名第一个字母通常大写；在基类列表中选择“QWidget”，头文件与源文件名自动产生和命名，勾选上“创建界面”复选框，界面文件名设为“mainwidget. ui”，如图 3-15 所示。

(5)完成项目创建，如图 3-16 所示。

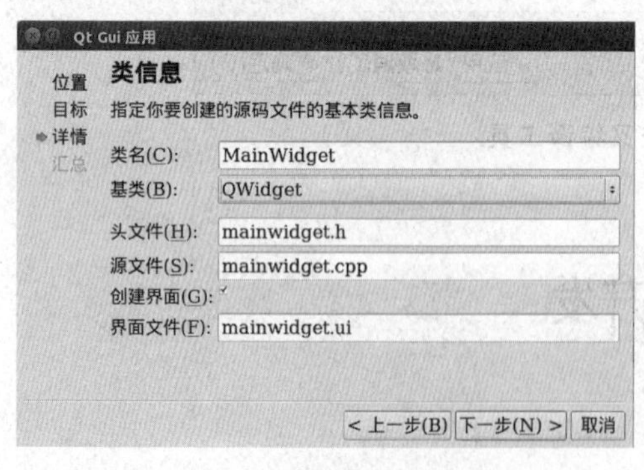

图 3-15 创建源码文件的基本类信息

图 3-16 完成项目创建

3.3.1.3 程序界面设计

用户登录界面设计如下。

(1)当 userlogin 工程项目创建完成之后,在项目栏中显示如图 3-17 所示的工程项目文件。

(2)右击 userlogin 工程项目,选择“添加新文件”选项,如图 3-18 所示。

(3)在左侧栏中选择“Qt”,中间一栏选择“Qt 设计师界面类”选项,如图 3-19 所示,单击【选择】按钮。

(4)在如图 3-20 所示的选择界面模板对话框中,选择“Dialog without Buttons”选项,单击【下一步】按钮。

userlogin
userlogin.pro
头文件
mainwidget.h
源文件
main.cpp
mainwidget.cpp
界面文件
mainwidget.ui

图 3-17　工程项目文件

(5)在新增类名信息对话框中,在类名对应的文本框中输入“LoginDlg”,单击【下一步】按钮,如图 3-21 所示。

图 3-18　选择“添加新文件”选项

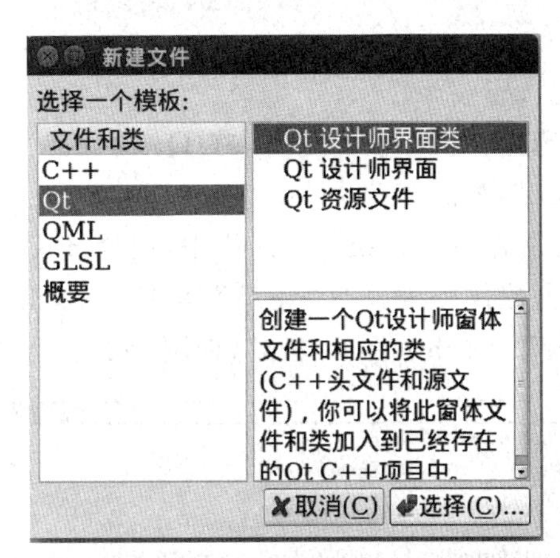

图 3-19　选择“Qt 设计师界面类”选项

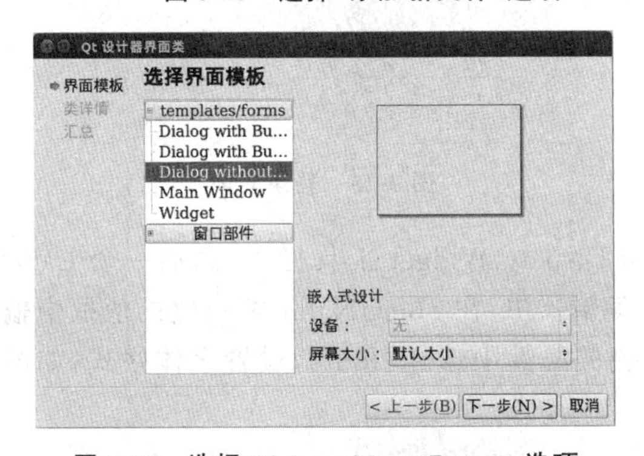

图 3-20　选择 Dialog without Buttons 选项

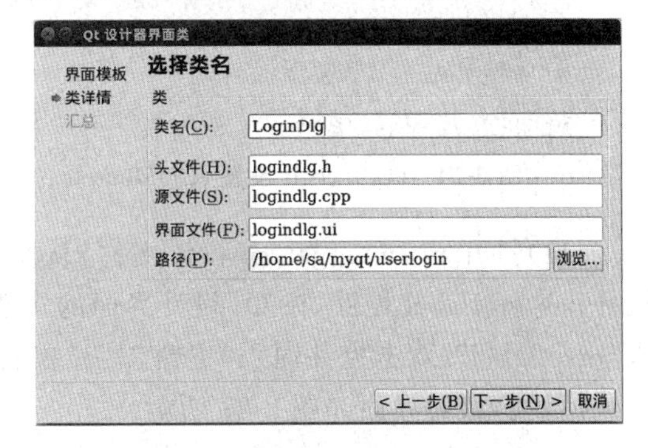

图 3-21　设置新增的类名信息

(6)新增文件到项目管理中,如图 3-22 所示。

(7)双击 logindlg. ui 界面设计文件,从左侧 DisplayWidgets 工具栏中,拖动一个 Label 控件和 LineEdit 控件到界面中,选择 Label 控件,在 Qt 设计界面的属性编辑器中,在 objectName 栏右侧的值框中输入“userlabel”,并双击控件输入“用户名”。

(8)选择 LineEdit 控件,在 Qt 设计界面的属性编辑器中,在 objectName 栏右侧的值框中输入“usernamelineedit”,程序运行之后,用户可以使用这个控件输入用户名信息。继续相同的操作步骤,再添加一个 Label 控件和 LineEdit 控件。选择 Label 控件,在 Qt 设计界面的属性编辑器中,在 objectName 栏右侧的值框中输入“keylabel”,并双击控件输入“密码”。

选择 LineEdit 控件，在 Qt 设计界面的属性编辑器中，在 objectName 栏右侧的值框中输入"keylineedit"，程序运行之后，用户可以使用这个控件输入登录密码信息，如图 3-23 所示。

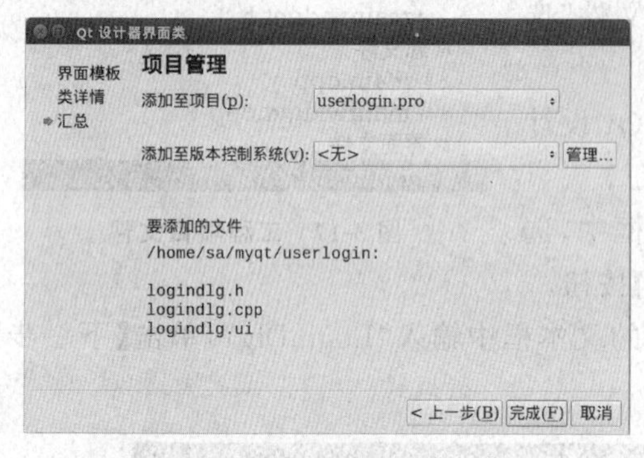

图 3-22 项目管理

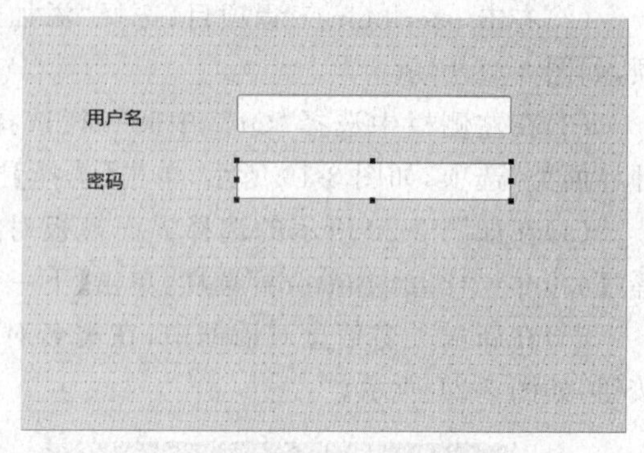

图 3-23 用户名和密码

(9)选择 keylineedit 控件，在 Qt 设计界面的属性编辑器中，将 echoMode 属性设置为"Password"，如图 3-24 所示。

(10)从左侧 Buttons 工具栏中，选择 pushButton 控件，添加 3 个 pushButton 控件在界面上，双击控件分别输入"登录""清除""退出"，在 objectName 栏右侧的值框中分别输入"loginbtn""clearbtn""exitbtn"，如图 3-25 所示。

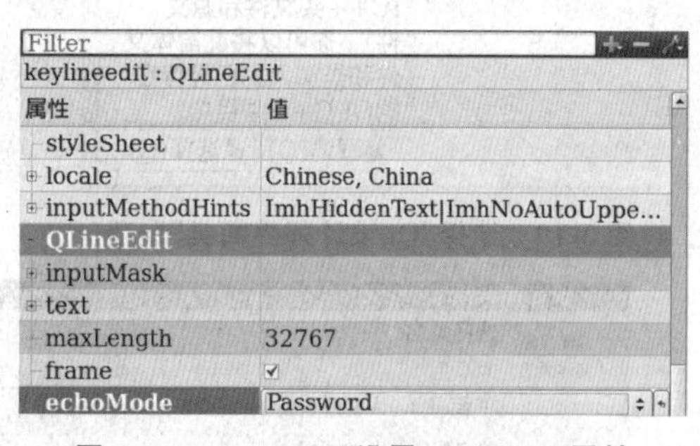

图 3-24 keylineedit 设置 echoMode 属性

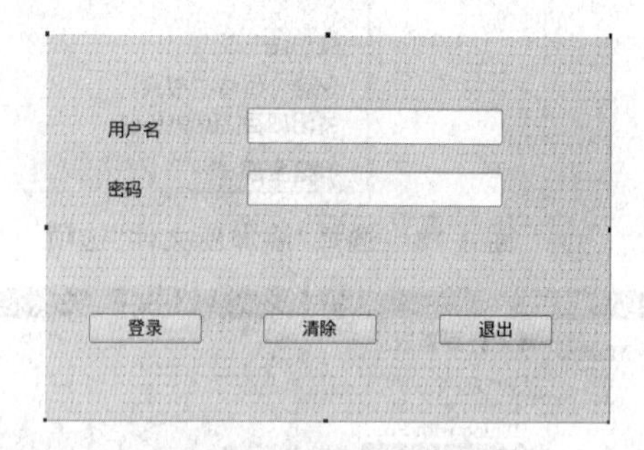

图 3-25 登录界面

(11)打开 mainwidget. ui 设计文件，从左侧 Display Widget 工具栏中，添加一个 Label 控件。选择 Label 控件，在 Qt 设计界面的属性编辑器中，在 objectName 栏右侧的值框中输入"mainlabel"，双击控件输入"主窗体"。在右侧的属性中选择"font"，设置字体格式，如图 3-26 所示。最后界面如图 3-27 所示。

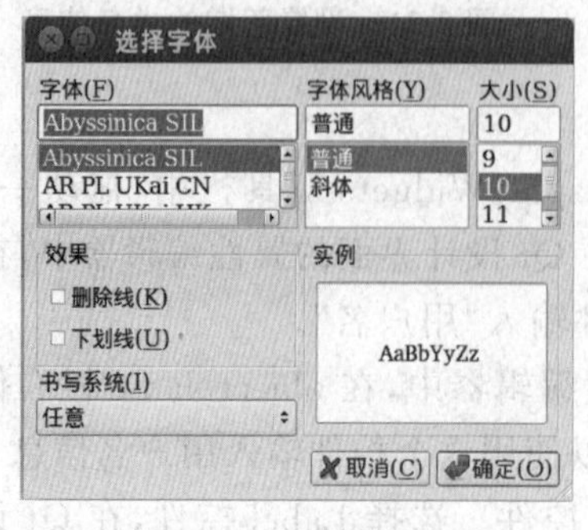

图 3-26 设置字体格式

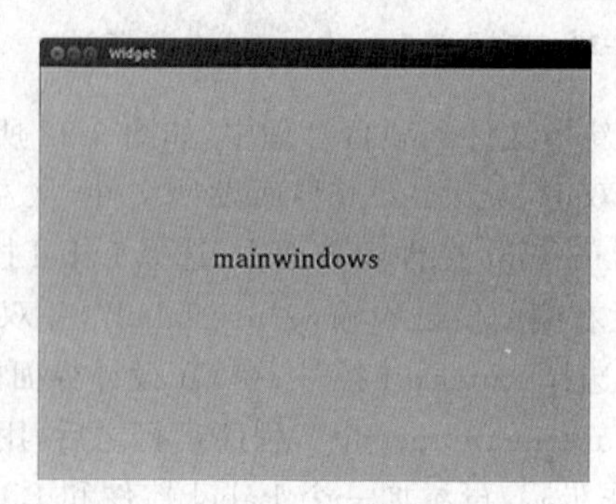

图 3-27 主窗体

将上述两个设计界面中的主要控件进行规范命名和设置初始值，按表 3-1 所示进行说明。

表 3-1　项目各项控件说明

控件名称	命名	说明
Label	userlabel	用户名标签
LineEdit	usernamelabel	用户名输入控件
Label	keylabel	密码标签
LineEdit	keylineedit	密码输入标签
PushButton	loginbtn	登录按钮
PushButton	clearbtn	清除按钮
PushButton	exitbtn	退出按钮
Label	mainlabel	主界面标签

3.3.1.4　信号和槽

信号和槽机制是 Qt 的核心机制。信号和槽是一种高级接口，应用于对象之间的通信，它是 Qt 的核心特性，也是 Qt 区别于其他工具包的重要地方。信号和槽是 Qt 自行定义的一种通信机制，它独立于标准的 C/C++语言。因此要正确处理信号和槽，必须借助一个称为 moc 的 Qt 工具，该工具是一个 C++预处理程序，它为高层次的事件处理自动生成所需要的附加代码。信号和槽之间的关联设计步骤如下所示。

(1)右击【登录】按钮，选择如图 3-28 所示的"转到槽…"选项(Go to slot…)。

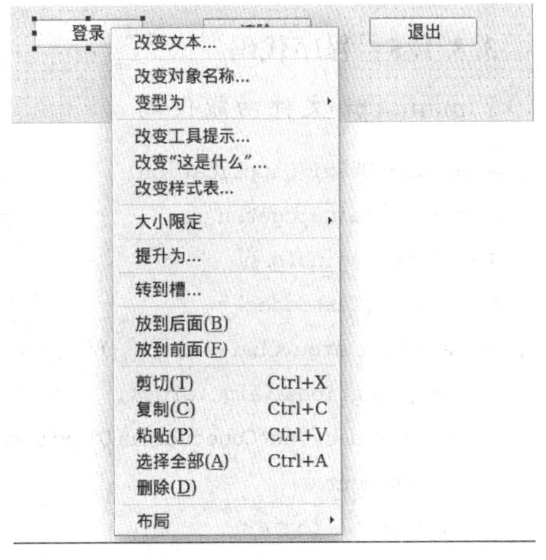

图 3-28　选择转到槽选项

(2)在"转到槽"对话框中，选择"clicked()"信号，单击【确定】按钮，如图 3-29 所示。

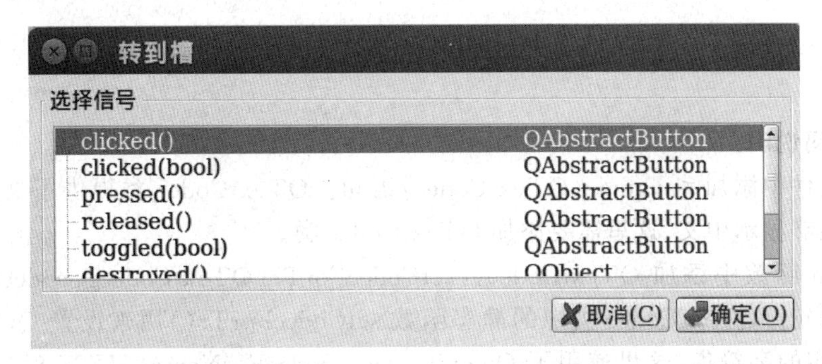

图 3-29　选择 clicked()信号选项

(3)当 clicked()信号选择完成之后，系统会自动将：on_loginbtn_clicked()槽与 clicked()信号产生关联。继续同样的操作完成"清除"按钮信号与槽、"退出"按钮信号和槽之间的关联。完成之后，如图 3-30 所示。

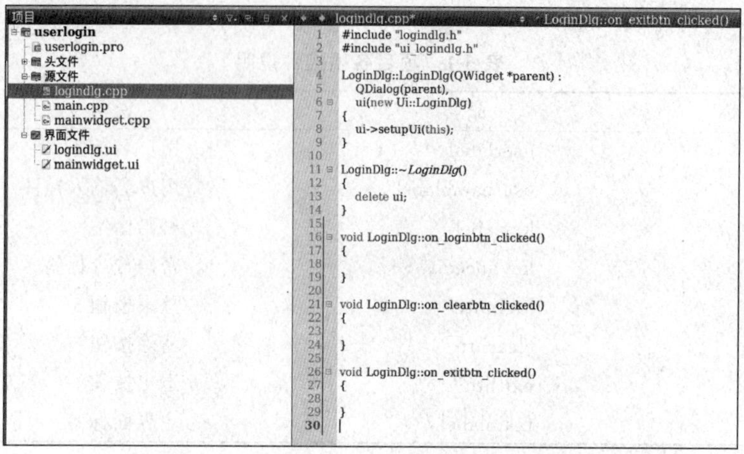

图 3-30　完成所有按钮信号与槽之间的关联

3.3.1.5　程序代码

1. main.cpp 文件功能代码

```
#include<QtGui/QApplication>
#include"mainwidget.h"
#include"logindlg.h"
#include<QTextCodec>
int main(int argc,char *argv[]){
    QApplication a(argc,argv);
    QTextCodec::setCodecForTr(QTextCodec::codecForName("UTF-8"));
    MainWidget w;
    LoginDlg  login;
    if(login.exec()==QDialog::Accepted){
        w.show();
        return a.exec();
    }
    else return 0;
}
```

主要代码说明：

(1)头文件中添加#include<QTextCodec>语句。QTextCodec 类提供了文本编码转换功能，为了能够显示中文，这里需要添加 QTextCodec 类。

(2)main 函数中添加 QTextCodec::setCodecForTr(QTextCodec::codecForName("UTF-8"))语句。QTextCodec 类中的静态函数 setCodecForTr()用来设置 QObject::tr()函数所要使用的字符集，这里使用了 QTextCodec::codecForName("UTF-8")字符集进行编码。

(3)新建一个 LoginDlg 类型的对象 login，然后打开登录对话框界面，输入用户名和密码，这里利用 Accepted 信号判断【登录】按钮是否被按下，如果被按下，并且用户名和密码正确，则显示主窗体界面。

2. loginwidget. cpp 文件代码

```
#include"logindlg.h"
#include"ui_logindlg.h"
#include<QMessageBox>
LoginDlg::LoginDlg(QWidget *parent):
    QDialog(parent),
    ui(new Ui::LoginDlg){
    ui->setupUi(this);
}
LoginDlg::~LoginDlg(){
    delete ui;
}
void LoginDlg::on_loginbtn_clicked(){
    if(ui->usernamelineedit->text().trimmed() == tr("qt")  && ui->keylineedit->text()
.trimmed() == tr("123456")){
        accept();
    }
    else{
        QMessageBox::warning(this,tr("warning"),tr("user name or password error"),QMessage-
Box::Yes);
        ui->usernamelineedit->clear();
        ui->keylineedit->clear();
        ui->usernamelineedit->setFocus();
    }
}
void LoginDlg::on_clearbtn_clicked(){
      ui->usernamelineedit->clear();
      ui->keylineedit->clear();
ui->usernamelineedit->setFocus();
}
void LoginDlg::on_exitbtn_clicked(){
      this->close();
}
```

主要代码说明：

（1）在 on_loginbtn_clicked 方法中，要求用户输入用户名为“qt”，密码为“123456”。如果输入正确，执行 accept()函数，它是 QDialog 类中的一个槽，并返回 QDialog::Accepted 值；如果输入不正确，出现提示对话框，清空用户名和密码，将光标转到用户名输入框，让用户重新输入用户名和密码。

（2）on_clearbtn_clicked()方法是清除输入的用户名和密码，并让输入用户名的文本框获得焦点。

(3)on_exitbtn_clicked()方法中的 close()是槽函数,作用是关闭本窗体。

3.3.1.6 程序测试与运行

具体操作如下。

(1)单击左侧一栏的"项目"选项,在概要中设置 Qt 版本为"Qt 4.8.5(Qt-4.8.5)",设置工具链为"GCC",设置构建目录为"/home/sa/myqt/userlogin-build-desktop-Qt_4_8_5__x86",如图 3-31 所示。

(2)单击左侧一栏下面绿色三角形的"运行"图标,如图 3-32 所示。

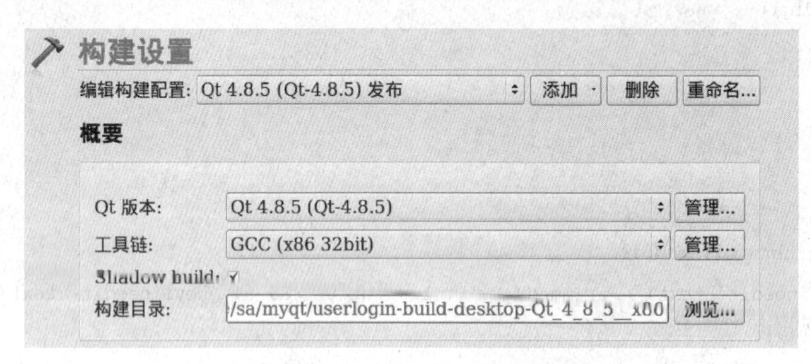

图 3-31 选择桌面 Qt 版本编译

图 3-32 运行程序

(3)如果代码编写正确,则编译通过,显示如图 3-33 所示的程序登录界面。

(4)当用户输入用户名为"qt",密码值为"123456",单击【登录】按钮,显示如图 3-34 所示的主界面窗体。

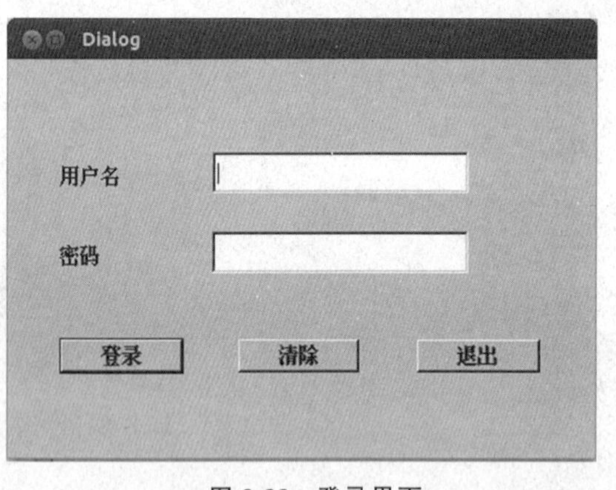

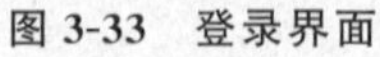

图 3-33 登录界面

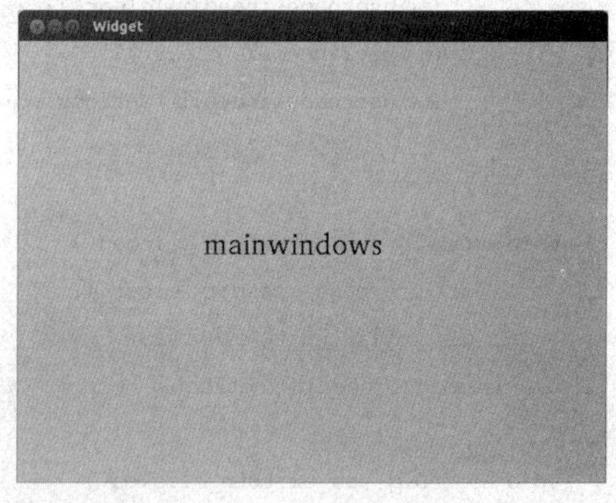

图 3-34 主界面窗体

(5)再次单击左侧一栏的"项目"选项,在概要中设置 Qt 版本为"Qt 4.8.5(QtEmbedded-4.8.5-arm)",工具链自动设置为"GCCE",构建目录设置为"/home/sa/myqt/userlogin-build-desktop-Qt_4_8_5__arm",如图 3-35 所示。单击【运行】按钮,若编译通过,结果如图 3-36 所示;若启动程序失败,是因为当前环境是 Intel X86。查看文件属性,如图 3-37 所示,把文件移植到 ARM 环境中就可以执行了。

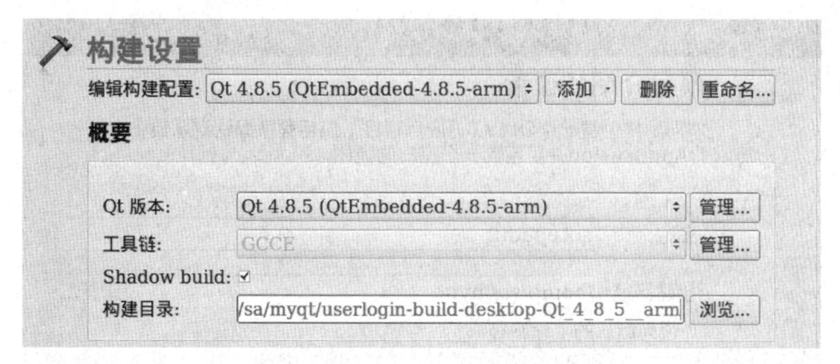

图 3-35　选择 ARM 下的 Qt 版本编译

```
应用程序输出
userlogin ×
{1 ?}
/home/sa/myqt/userlogin-build-desktop-Qt_4_8_5__x86/userlogin 启动中...
/home/sa/myqt/userlogin-build-desktop-Qt_4_8_5__x86/userlogin 退出，退出代码: 0
{1 ?}
/home/sa/myqt/userlogin-build-desktop-Qt_4_8_5__arm/userlogin 启动中...
启动程序失败，路径或者权限错误?
/home/sa/myqt/userlogin-build-desktop-Qt_4_8_5__arm/userlogin 退出，退出代码: -1
{1 ?}
```

图 3-36　启动程序失败

```
sa@sa-virtual-machine:~/myqt$ cd userlogin-build-desktop-Qt_4_8_5__arm/
sa@sa-virtual-machine:~/myqt/userlogin-build-desktop-Qt_4_8_5__arm$ ls
logindlg.o    Makefile          moc_mainwidget.cpp  ui_mainwidget.h
main.o        moc_logindlg.cpp  moc_mainwidget.o    userlogin
mainwidget.o  moc_logindlg.o    ui_logindlg.h
sa@sa-virtual-machine:~/myqt/userlogin-build-desktop-Qt_4_8_5__arm$ file userlog
in
userlogin: ELF 32-bit LSB  executable, ARM, EABI5 version 1 (SYSV), dynamically
linked (uses shared libs), for GNU/Linux 2.6.27, not stripped
sa@sa-virtual-machine:~/myqt/userlogin-build-desktop-Qt_4_8_5__arm$
```

图 3-37　查看可执行文件属性

3.3.2　记事本程序

3.3.2.1　程序功能

把文本组织成文档是记事本的基本功能。记事本程序可以实现文本的输入、复制、粘贴、查找等功能，可以设置简单的字体格式和字体颜色，能够实现文档的新建、打开、保存、另存为、打印等文档管理功能。

3.3.2.2　创建项目

(1)打开 Qt Creator 开发平台，选择"新建文件与工程"选项，在"选择一个模板"列表中选择"Qt Gui 应用"选项，单击【选择】按钮。

(2)为该项目取名为"notepadui"，项目保存路径为"/home/sa/myqt"，注意目录中不能有中文名称。也可以把当前路径设为默认的工程路径，如图 3-38 所示，点击【下一步】按钮。

(3)为项目设置目标，采用默认值即可，如图 3-39 所示，点击【下一步】按钮。

(4)设置要创建的源码文件的基本类信息。这里设置类名为"MainWindow"，基类为"QMainWindow"，勾选上"创建界面"复选框，如图 3-40 所示，点击【下一步】按钮。

(5)完成项目的创建，如图 3-41 所示，点击【完成】按钮。

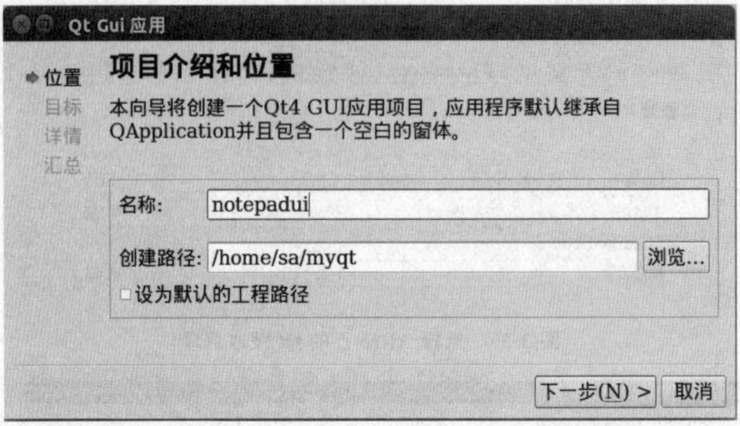

Qt Gui 应用

位置
目标
详情
汇总

项目介绍和位置

本向导将创建一个Qt4 GUI应用项目，应用程序默认继承自QApplication并且包含一个空白的窗体。

名称: notepadui

创建路径: /home/sa/myqt 浏览...

设为默认的工程路径

下一步(N) > 取消

图 3-38 创建项目

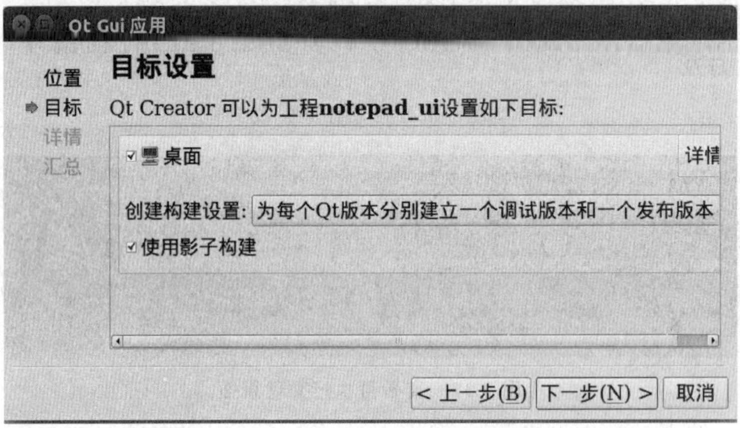

Qt Gui 应用

位置
目标
详情
汇总

目标设置

Qt Creator 可以为工程**notepad_ui**设置如下目标:

桌面 详情

创建构建设置: 为每个Qt版本分别建立一个调试版本和一个发布版本

使用影子构建

< 上一步(B) 下一步(N) > 取消

图 3-39 设置目标

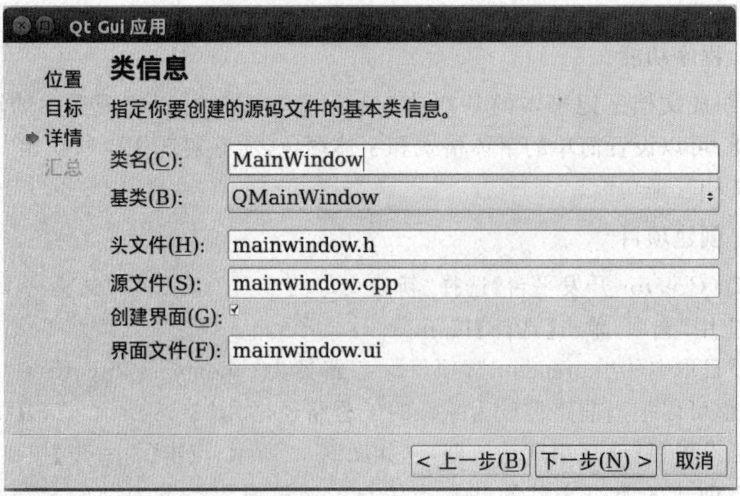

Qt Gui 应用

位置
目标
详情
汇总

类信息

指定你要创建的源码文件的基本类信息。

类名(C): MainWindow

基类(B): QMainWindow

头文件(H): mainwindow.h

源文件(S): mainwindow.cpp

创建界面(G):

界面文件(F): mainwindow.ui

< 上一步(B) 下一步(N) > 取消

图 3-40 设置类名

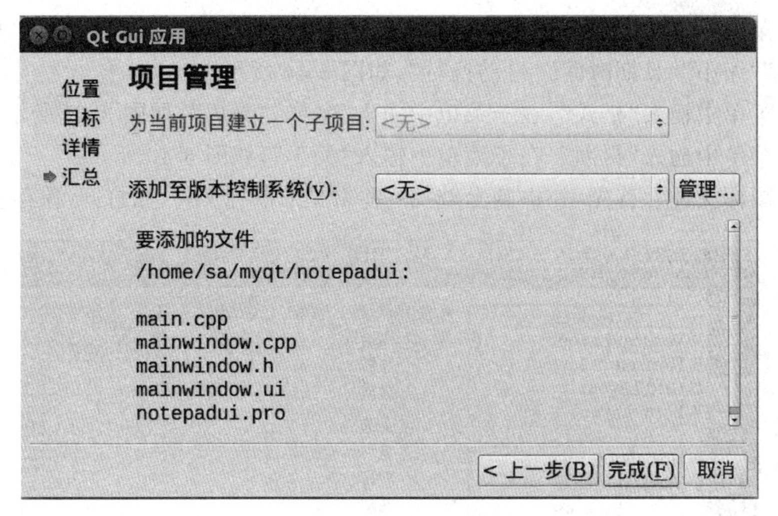

图 3-41　完成项目创建

3.3.2.3　程序界面设计

(1)双击 mainwindow.ui,进入界面设计,如图 3-42 所示。

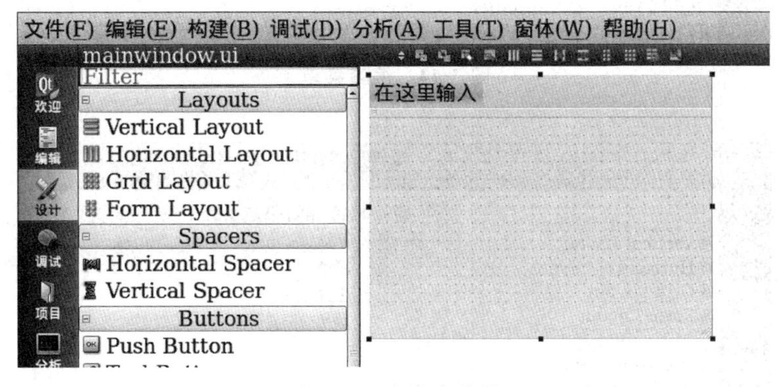

图 3-42　窗体主菜单

(2)在"在这里输入"中输入"文件",然后按回车键,在子菜单中输入"新建""打开""另存为""保存""打印""退出"。然后,在 InputWidgets 工具栏中把 TextEdit 工具拖入到工作区,选中 mainwindow 窗体,栅格布局,如图 3-43 所示。

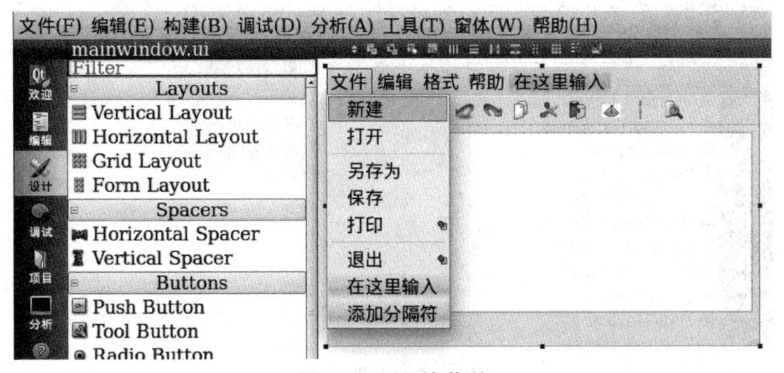

图 3-43　文件菜单

(3)在主菜单中输入“编辑”,在子菜单中输入“撤消”“重做”“查找”“全选”“复制”“剪切”“粘贴”“放大”“缩小”“日期时间”“自动换行”,如图 3-44 所示。

(4)在主菜单中输入“格式”,在子菜单中输入“字体”“颜色”,如图 3-45 所示。

(5)在主菜单中输入“帮助”,在子菜单中输入“关于”,如图 3-46 所示。

(6)准备图标文件。首先,在电脑上查找一些常见的图标文件,如打开、保存、复制、剪切、

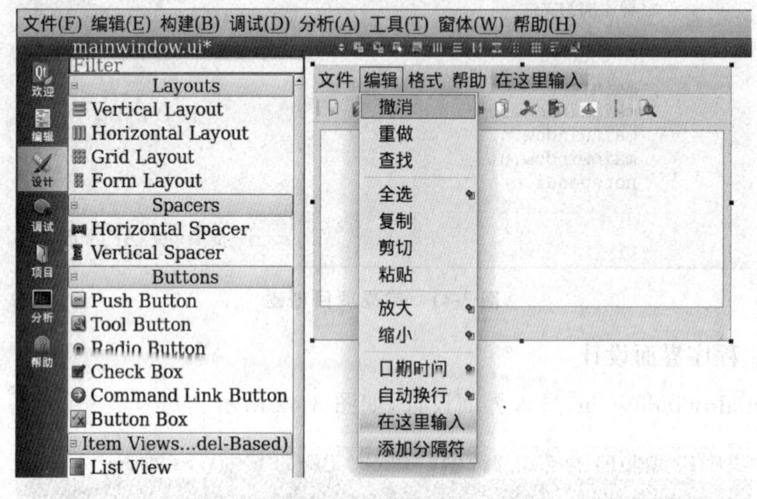

图 3-44 编辑菜单

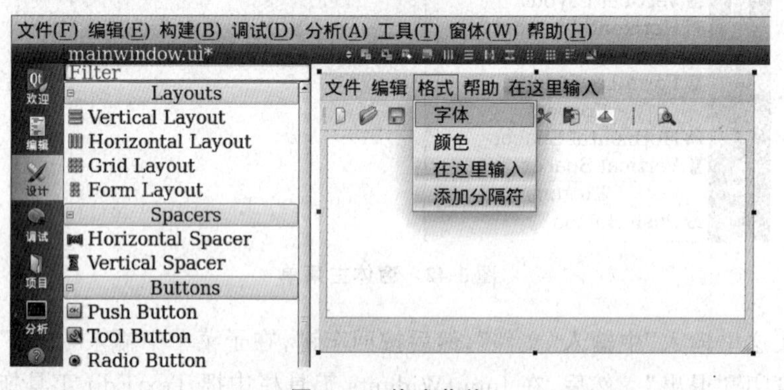

图 3-45 格式菜单

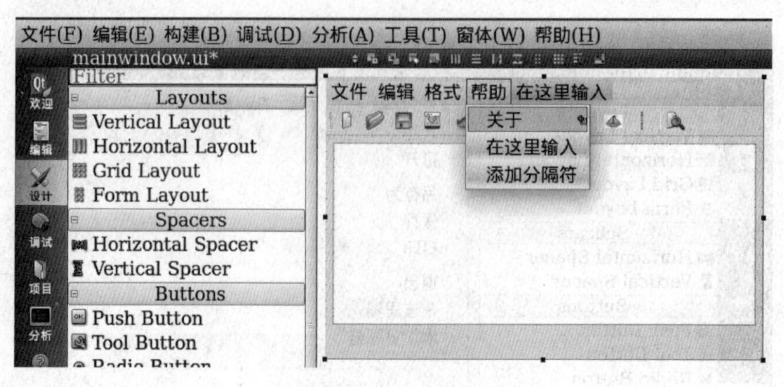

图 3-46 帮助菜单

粘贴等，把这些图标文件放在 images 目录中，如图 3-47 所示。将 images 目录放到当前项目的目录中。

图 3-47　图标文件

（7）制作资源文件。点击文件下的新建菜单，打开新建对话框。在“选择一个模板”列表框中选中“Qt”，在右侧栏中选择“Qt 资源文件”。具体操作见图 3-48 至图 3-50。

（8）添加资源。选中资源文件 images. qrc，在窗体右下方如图 3-51 所示的界面，点击【添加】按钮，选择前缀。把前缀中的“/new/prefix1”修改为“/image”，如图 3-52 所示。再单击添加文件，打开如图 3-53 所示的窗口界面，选择所有文件，点击【打开】按钮。返回编辑界面，此时，窗体上方的 images. qrc 图标旁边出现“ * ”，表示这个文件被修改过了，需要按下组合键 Ctrl+S 保存，才能使用资源文件，如图 3-54 所示。

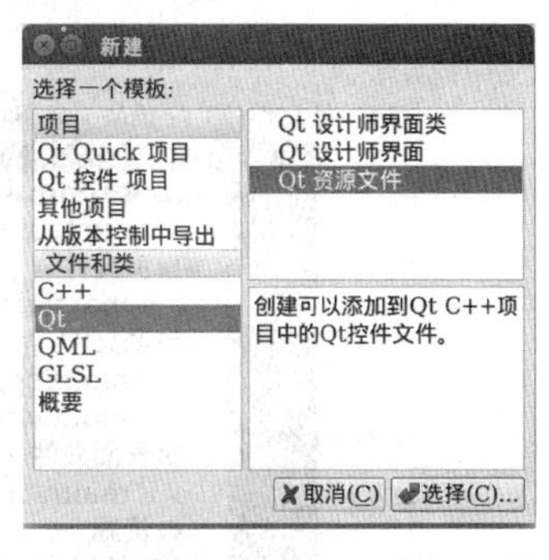

图 3-48　新建一个 Qt 资源文件

图 3-49　设置资源文件名与保存的位置

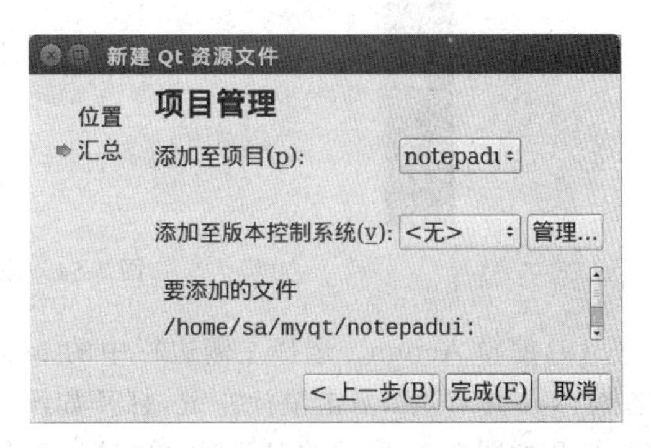

图 3-50　资源文件加入项目管理中

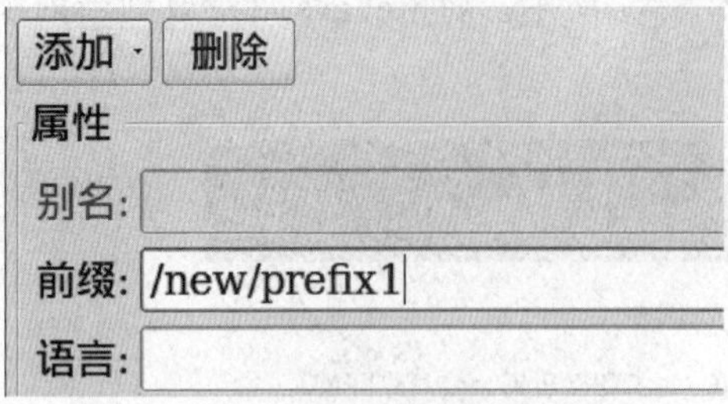

图 3-51　添加或删除文件及前缀

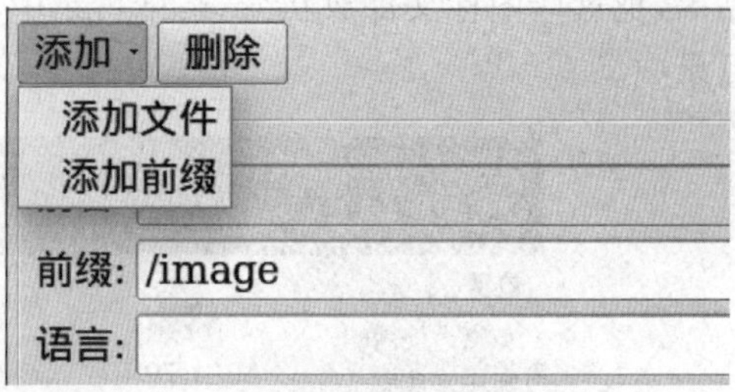

图 3-52　修改前缀

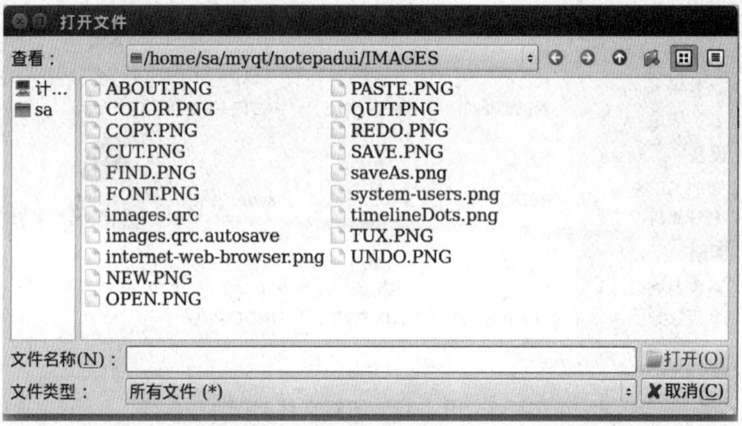

图 3-53　添加文件

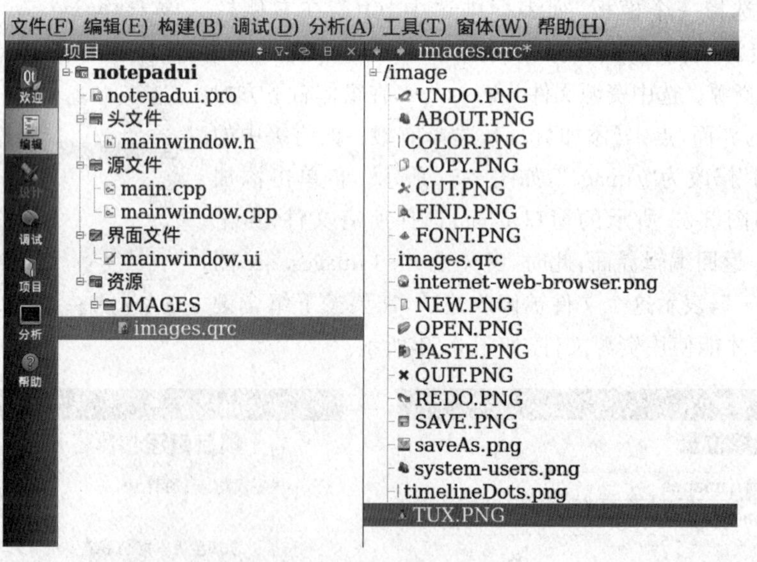

图 3-54　保存资源文件

(9)编辑 Action。选择左侧边栏中的 mainwindow. ui 文件,在右侧的 Action 编辑器中选择“NewAction”,双击鼠标左键,打开如图 3-55 所示的对话框。单击图标后边的【…】按钮,打开如图 3-56 所示的对话框,单击【刷新】按钮,在右侧栏中显示资源中的图标文件中,为“新建 Action”选择一个图标，如图 3-56 所示。把鼠标移动到快捷键行文本框中，按下键盘上的 Ctrl+N，为该 Action 添加快捷键。

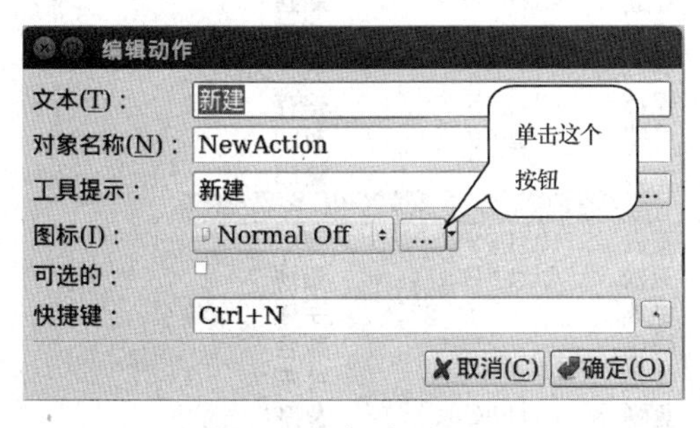

图 3-55　新建 Action

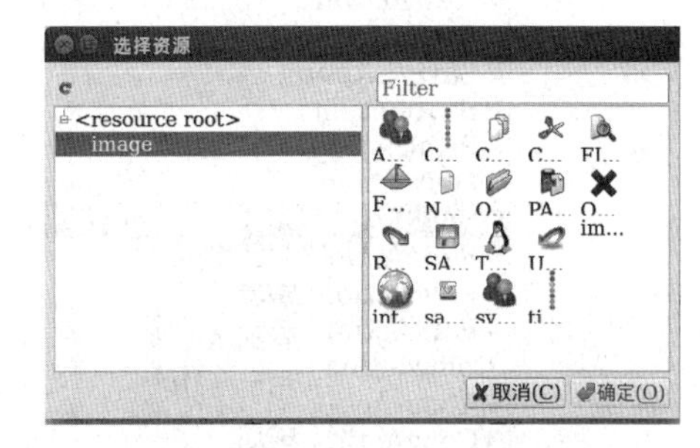

图 3-56　选择 Action 的图标

(10)修改每个 Action 设置对象名称，为 Action 添加图标，并设置合适的快捷键，如图 3-57 所示。

名称	使用	文本	快捷键	可选的	工具提示
NewAction	☑	新建	Ctrl+N	■	新建
OpenAction	☑	打开	Ctrl+O	☐	打开
SaveAsAction	☑	另存为		☐	另存为
SaveAction	☑	保存	Ctrl+S	☐	保存
PrintAction	☑	打印	Ctrl+P	☐	打印
QuitAction	☑	退出		☐	退出
UndoAction	☑	撤消	Ctrl+Z	☐	撤消
RedoAction	☑	重做	Ctrl+Y	☐	重做
FindAction	☑	查找	Ctrl+F	☐	查找
FontAction	☑	字体		☐	字体
ColorAction	☑	颜色		☐	颜色
AboutAction	☑	关于		☐	关于
CopyAction	☑	复制	Ctrl+C	☐	复制
CutAction	☑	剪切	Ctrl+X	☐	剪切
PasteAction	☑	粘贴	Ctrl+V	☐	粘贴
ZoomOutAction	☑	放大		☐	放大
ZoomInAction	☑	缩小		☐	缩小
SelectAllAction	☑	全选		☐	全选
datetimeAction	☑	日…间		☐	日期时间
wordwrapAction	☑	自…行		☐	自动换行

图 3-57　Action 设置

3.3.2.4　信号与槽

在 Action 编辑器中选择某个 Action，如 UndoAction，右击鼠标，选择转到槽，如图 3-58 所示。打开如图 3-59 所示的对话框，选择 triggered()信号。系统将自动生成一个槽函数 on_UndoAction_triggered()，同时自动在 mainwindow. h 的头文件中对该槽函数进行声明。程序运行后，单击菜单中的菜单项，如撤销，触发 triggered()信号，则窗体将执行关联的槽函数 on_UndoAction_triggered()。

对所有的 Action 执行同样的操作，在 mainwindow. cpp 文件中，将自动生成空的槽函数，代码如下所示。

```
void MainWindow::on_NewAction_triggered(){}
void MainWindow::on_OpenAction_triggered(){}
void MainWindow::on_SaveAsAction_triggered(){}
void MainWindow::on_SaveAction_triggered(){}
void MainWindow::on_PrintAction_triggered(){}
void MainWindow::on_QuitAction_triggered(){}
```

名称	使用	文本	快捷键	可选的	工具提示
NewAction	☑	新建	Ctrl+N	☐	新建
OpenAction	☑	打开	Ctrl+O	☐	打开
SaveAsAction	☑	另存为		☐	另存为
SaveAction	☑	保存	Ctrl+S	☐	保存
PrintAction	☑	打印	Ctrl+P	☐	打印
QuitAction	☑	退出		☐	退出
UndoActic	☑	撤消	Ctrl+Z	■	撤消
RedoActio	☑	重做	Ctrl+Y	☐	重做
FindActior	☑	查找	Ctrl+F	☐	查找
FontActior	☑	字体		☐	字体
ColorAction	☑	颜色		☐	颜色
AboutActi	☑	关于		☐	关于
CopyActio	☑	复制	Ctrl+C	☐	复制
CutAction	☑	剪切	Ctrl+X	☐	剪切
PasteActic	☑	粘贴	Ctrl+V	☐	粘贴
ZoomOutA	☑	放大		☐	放大
ZoomInAc	☑	缩小		☐	缩小
SelectAllA	☑	全选		☐	全选
datetimeA	☑	日...间		☐	日期时间
wordwrap	☑	自...行		☐	自动换行

Filter

新建...
编辑...
转到槽...
用于
剪切
复制
粘贴
选择全部
删除
图标视图
· 细节视图

Action编辑器 信号和槽编辑器

图 3-58 为 Action 设置信号与槽

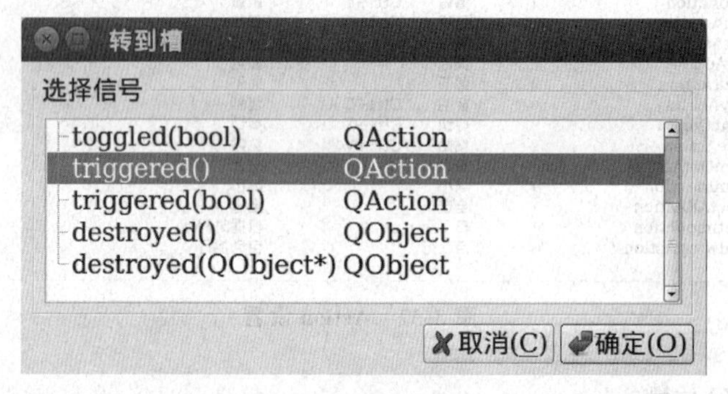

图 3-59 选择信号

```
void MainWindow::on_UndoAction_triggered(){}
void MainWindow::on_RedoAction_triggered(){}
void MainWindow::on_FindAction_triggered(){}
void MainWindow::on_FontAction_triggered(){}
void MainWindow::on_ColorAction_triggered(){}
void MainWindow::on_AboutAction_triggered(){}
void MainWindow::on_CopyAction_triggered(){}
void MainWindow::on_CutAction_triggered(){}
void MainWindow::on_PasteAction_triggered(){}
void MainWindow::on_ZoomOutAction_triggered(){}
void MainWindow::on_ZoomInAction_triggered(){}
void MainWindow::on_SelectAllAction_triggered(){}
void MainWindow::on_datetimeAction_triggered(){}
void MainWindow::on_wordwrapAction_triggered(){}
```

在 mainwindow. h 头文件中，将自动生成对槽函数的声明，代码如下所示。

```
private slots:
    void on_NewAction_triggered();
    void on_OpenAction_triggered();
    void on_ColorAction_triggered();
    void on_SaveAsAction_triggered();
    void on_SaveAction_triggered();
    void on_PrintAction_triggered();
    void on_QuitAction_triggered();
    void on_UndoAction_triggered();
    void on_RedoAction_triggered();
    void on_FindAction_triggered();
    void on_FontAction_triggered();
    void on_AboutAction_triggered();
    void on_CopyAction_triggered();
    void on_CutAction_triggered();
    void on_PasteAction_triggered();
    void on_ZoomOutAction_triggered();
    void on_ZoomInAction_triggered();
    void on_SelectAllAction_triggered();
    void on_datetimeAction_triggered();
    void on_wordwrapAction_triggered();
```

3.3.2.5 程序代码

1. mainwindows. h 头文件的内容

```
#ifndef MAINWINDOW_H
#define MAINWINDOW_H
#include<QMainWindow>
namespace Ui {
    class MainWindow;
}
class MainWindow:public QMainWindow
{
    Q_OBJECT
public:
    explicit MainWindow(QWidget *parent = 0);
    ~MainWindow();
private slots:
    void on_NewAction_triggered();
    void on_PasteAction_triggered();
    void on_SaveAsAction_triggered();
    void on_SaveAction_triggered();
```

```
        void on_PrintAction_triggered();
        void on_QuitAction_triggered();
        void on_UndoAction_triggered();
        void on_RedoAction_triggered();
        void on_FindAction_triggered();
        void on_FontAction_triggered();
        void on_ColorAction_triggered();
        void on_AboutAction_triggered();
        void on_CopyAction_triggered();
        void on_CutAction_triggered();
        void on_ZoomOutAction_triggered();
        void on_ZoomInAction_triggered();
        void on_SelectAllAction_triggered();
        void on_OpenAction_triggered();
        void on_datetimeAction_triggered();
        void on_wordwrapAction_triggered();
    private:
        Ui::MainWindow *ui;
        QString curFile;
        bool maybeSave();
        void loadFile(const QString  &filename);
        void saveFile(const QString  &filename);
    };
    #endif//MAINWINDOW_H
```

主要代码说明：

(1)bool maybeSave()函数用来判断文档内容是否进行了修改，如果没有，则返回 false；如果有，则打开一个提示框，提示用户是否对文档进行保存。用户点击【OK】按钮，则返回 true；用户点击【NO】按钮，则返回 false。

(2)void loadFile(const QString &filename)函数用来把磁盘文件读入内存，并显示在文本框。

(3)void saveFile(const QString &filename)函数把内存中的文档写入磁盘。

2. mainwindow. cpp 文件代码

```
#include"mainwindow.h"
#include"ui_mainwindow.h"
#include<QMessageBox>
#include<QFileDialog>
#include<QFile>
#include<QTextStream>
#include<QPrintDialog>
#include<QPrinter>
#include<QFontDialog>
```

```
#include<QColorDialog>
#include<QDateTime>
MainWindow::MainWindow(QWidget *parent):
    QMainWindow(parent),
    ui(new Ui::MainWindow){
    ui->setupUi(this);
    setWindowTitle(tr("我的记事本"));
    resize(800,600);
}
MainWindow::~MainWindow(){
    delete ui;
}
/*文件菜单*/
//新建
void MainWindow::on_NewAction_triggered(){
    if(maybeSave()){
        on_SaveAsAction_triggered();
        ui->textEdit->clear();
    }
    else
        ui->textEdit->clear();
}
bool MainWindow::maybeSave(){
    if(ui->textEdit->document()->isModified()){
        QMessageBox::StandardButton ret;
        ret = QMessageBox::warning(this,tr("提示"),tr("the document has been modifie\n do you
want save your modified"),QMessageBox::Ok|QMessageBox::Cancel);
        if(ret = = QMessageBox::Ok)
            return true;
        else if(ret = = QMessageBox::Cancel)
            return false;
    }
    return false;
}
//打开
void MainWindow::on_OpenAction_triggered(){
    QString fileName = QFileDialog::getOpenFileName(this,tr("open file dialog"),"//home/sa//
abc","Text file(*.txt)");
            if(fileName.isEmpty())
                return;
            else
                loadFile(fileName);
}
```

```
void MainWindow::loadFile(const QString &filename){
    QFile file(filename);
    if(! file.open(QIODevice::ReadWrite)){
        return;
    }
    QTextStream in(&file);
    while(! in.atEnd()){
        QString line = in.readLine();
        ui->textEdit->append(line);
    }
}
//另存为
void MainWindow::on_SaveAsAction_triggered(){
    QString fileName = QFileDialog::getSaveFileName(this,tr("保存文件"),"//","text file(*
txt");
    if(fileName.isEmpty()){
        return;
    }
    saveFile(fileName);
}
void MainWindow::saveFile(const QString &filename){
    QFile file(filename);
    if(! file.open(QFile::WriteOnly|QFile::Text)){
        QMessageBox::warning(this,tr("保存文件"),tr("无法保存文件%1:\n%2").arg
(filename).arg(file.errorString()));
    }
    QTextStream out(&file);
    out<<ui->textEdit->toPlainText();
    curFile = QFileInfo(filename).canonicalFilePath();
    setWindowTitle(curFile);
}
//保存
void MainWindow::on_SaveAction_triggered(){
    if(maybeSave()){
        on_SaveAsAction_triggered();
    }
    else{
        saveFile(curFile);
    }
}
//打印
void MainWindow::on_PrintAction_triggered(){
    QPrinter printer(QPrinter::HighResolution);
```

```
        QPrintDialog * dlg = new QPrintDialog(&printer,this);
        if(ui->textEdit->textCursor().hasSelection()){
            dlg->addEnabledOption(QAbstractPrintDialog::PrintSelection);
        }
        dlg->setWindowTitle(tr("Print test"));
        if(dlg->exec() == QDialog::Accepted){
            ui->textEdit->print(&printer);
        }
        delete dlg;
}
//关闭
void MainWindow::on_QuitAction_triggered(){
    this->close();
}
/* 编辑菜单 */
//撤销
void MainWindow::on_UndoAction_triggered(){
    ui->textEdit->undo();
}
//重做
void MainWindow::on_RedoAction_triggered(){
    ui->textEdit->redo();
}
//复制
void MainWindow::on_CopyAction_triggered(){
    ui->textEdit->copy();
}
//剪切
void MainWindow::on_CutAction_triggered(){
    ui->textEdit->cut();
}
//粘贴
void MainWindow::on_PasteAction_triggered(){
    ui->textEdit->paste();
}
void MainWindow::on_SelectAllAction_triggered(){
    ui->textEdit->selectAll();
}
//放大
void MainWindow::on_ZoomOutAction_triggered(){
    ui->textEdit->zoomIn();
}
//缩小
```

```
void MainWindow::on_ZoomInAction_triggered(){
    ui->textEdit->zoomOut();
}
//日期时间
void MainWindow::on_datetimeAction_triggered(){
    QDateTime dt;
    QTime time;
    QDate date;
    dt.setTime(time.currentTime());
    dt.setDate(date.currentDate());
    QString currentDate = dt.toString("hh:mm:ss yyyy/MM/dd");
    ui->textEdit->append(currentDate);
}
//自动换行
void MainWindow::on_wordwrapAction_triggered(){
    ui->textEdit->wordWrapMode();
}
void MainWindow::on_FindAction_triggered(){}
/*格式菜单*/
//字体
void MainWindow::on_FontAction_triggered(){
    bool ok;
    QFont font = QFontDialog::getFont(&ok);
    if(ok){
        //ui->textEdit->setFont(font);
        ui->textEdit->setCurrentFont(font);
    }
}
//颜色
void MainWindow::on_ColorAction_triggered(){
    QPalette palette = ui->textEdit->palette();
    QColor color = QColorDialog::getColor(palette.color(QPalette::Text),this);
    if(color.isValid()){
        palette.setColor(QPalette::Text,color);
        ui->textEdit->setPalette(palette);
    }
}
//帮助
void MainWindow::on_AboutAction_triggered(){
    QMessageBox::about(this,tr("开发者"),tr("2018 计算机 2 班黄海"));
}
```

主要代码说明：

(1)在 maybeSave()函数中，ui->textEdit->document()->isModified()判断文本框中内容是否发生了修改，如果是，再弹出提示框询问用户是否保存修改，点击【OK】按钮，则返回 true，否则返回 false；文本框中内容若没有发生修改，也返回 false。

(2)on_OpenAction_triggered()槽函数实现打开文件。QFileDialog::getOpenFileName(this,tr("open file dialog"),"//home//sa//abc","Text file(*.txt)")实现打开文件打开对话框，打开默认文件是/home/sa/abc，文件类型是 *.txt。getOpenFileName()函数返回值是字符串，并赋给新定义的字符串变量 fileName，然后进行文件名判断，如果为空，则返回，否则执行 loadFile(filename)函数。

(3)在 loadFile(const QString &filename)函数中，file.open(QIODevice::ReadWrite)以可读可写的方式打开文件 filename，返回一个布尔值，创建 QTextStream 流操作对象 in，使之与 QFile 对象 file 绑定。while(! in.atEnd())用来判断是否到达文本流的底端，atEnd()与内部 Unicode 缓冲区有关。QString line=in.readLine()表示按行读取文本流，然后赋给字符串 line。ui->textEdit->append(line)表示把字符串 line 添加到文本框后面。

(4)在 saveFile(const QString &filename)函数中，QTextStream out(&file)表示创建 QTextStream 流操作对象 out，使之与 QFile 对象 file 绑定。out<<ui->textEdit->toPlainText()表示把文本框的文本写入到 out 中。

(5)在 on_datetimeAction_triggered()槽函数中，代码 QString currentDate = dt.toString("hh:mm:ss yyyy/MM/dd")的"toString"是把日期时间对象按格式转化为字符串并赋给 currentDate。

(6)on_FontAction_triggered()槽函数实现字体格式的设置。QFontDialog::getFont(&ok)实现打开字体对话框选择的字体并赋给 font 字体对象。

3. main.cpp 代码

```
#include<QtGui/QApplication>
#include"mainwindow.h"
#include<QTextCodec>
int main(int argc,char *argv[]){
    QApplication a(argc,argv);
    QTextCodec::setCodecForTr(QTextCodec::codecForName("gb2312"));
    MainWindow w;
    w.show();
    return a.exec();
}
```

主要代码说明：

在 main 函数中添加 QTextCodec::setCodecForTr(QTextCodec::codecForName("gb2312"))语句。QTextCodec 类中的静态函数 setCodecForTr()用来设置 QObject::tr()函数所要使用的字符集，这里使用了 QTextCodec::codecForName("gb2312")字符集进行编码。

3.3.2.6 程序测试与运行

具体操作如下。

（1）单击左侧一栏的“项目”选项，在概要中设置 Qt 版本为“Qt 4.8.5(Qt-4.8.5)”，设置工具链为“GCC”，设置构建目录为“/home/sa/myqt/notepadui”。单击左侧一栏下面绿色三角形的“运行”图标。如果代码没有问题，则程序运行的结果如图 3-60 所示。

图 3-60　运行 notepad

（2）在文本框中输入内容，点击“新建”图标，弹出一个提示框，提示文档已经修改，是否保存修改，如图 3-61 所示。如果保存，点击【OK】按钮，则会弹出“另存为”对话框。文档默认保存位置为/home/sa，保存类型为 txt，输入文档名，点保存，如图 3-62 所示。

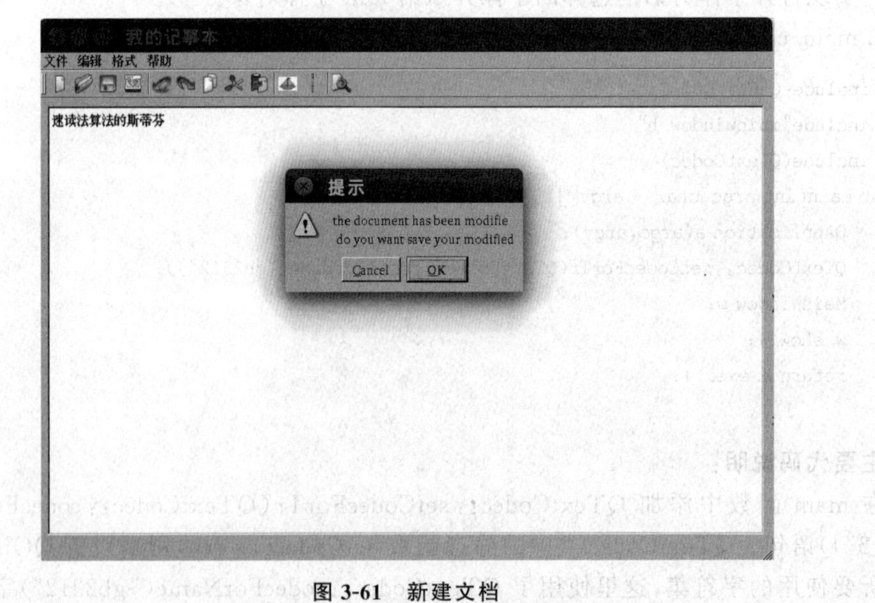

图 3-61　新建文档

（3）如果用户点击“文件”菜单下的“打印”选项，则会弹出如图 3-63 所示的对话框，可以把文档以 pdf 格式打印。

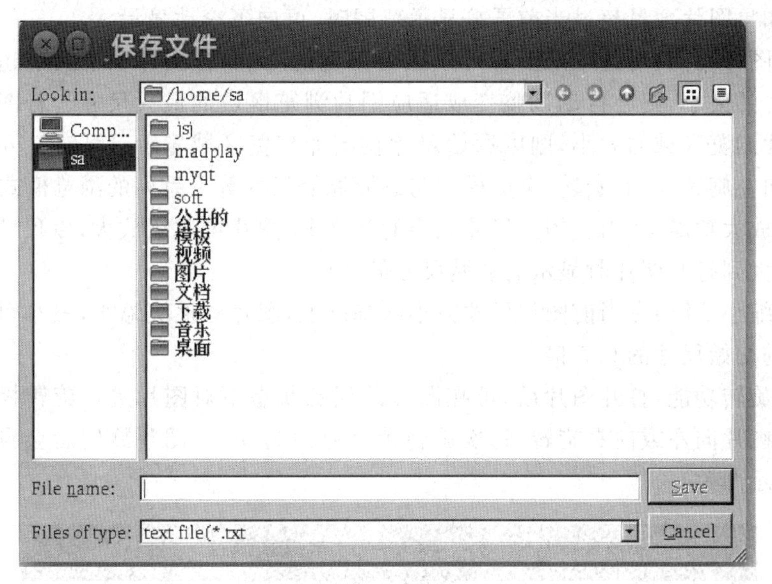

图 3-62　文档保存

(4)如果用户点击“格式”菜单下的“字体”选项，则会弹出如图 3-64 所示的对话框，可以为选择的文本设置简单的字体格式。

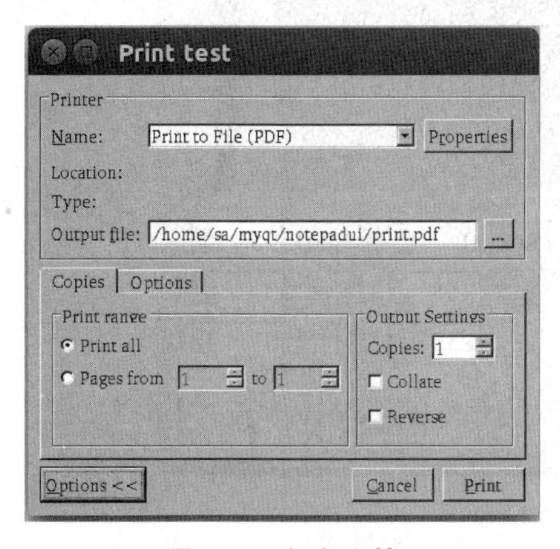

图 3-63　打印文档

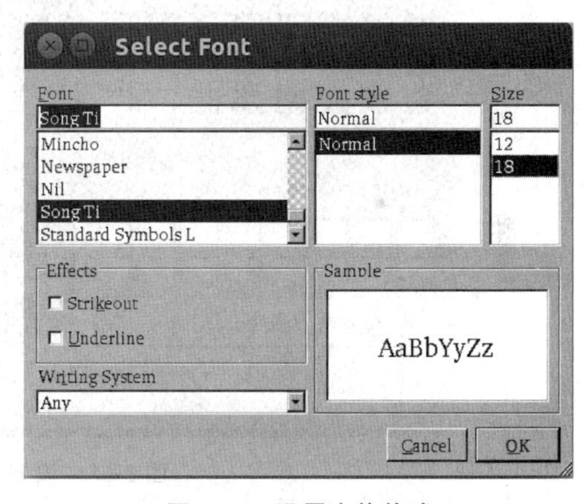

图 3-64　设置字体格式

(5)如果用户点击“格式”菜单下的“颜色”选项，则会弹出如图 3-65 所示的对话框，可以为选择的文本设置字体颜色。

3.3.3　电子相册

3.3.3.1　程序功能

电子相册支持 png 格式图片的浏览，并可以对图片进行放大、缩小或旋转角度显示。电子相册还支持幻灯片模式浏览图片操作。

(1)显示图片列表功能：在图片文件所在目录读取所有扩展名为 png 格式的图片文件，并将读取的文件按顺序用相同大小的缩略图的形式显示在图片列表界面上，其他格式文件忽略不读。如果图片数量超过当前屏幕显示范围时，可向下滚动显示。

（2）浏览图片功能：对选中的图片可以执行浏览的功能，若图片原本大小超过图片浏览区域（即相框）的大小，则会自动调整变成适应图片浏览区域的最大尺寸。若图片原本大小没有超过图片浏览区域的大小，则以原始尺寸在图片浏览区域显示。可对打开的图片进行放大、缩小、向左旋转、向右旋转、全屏模式与返回原始尺寸等一系列的浏览模式操作。

（3）图片放大功能：在当前图片尺寸大小的基础上，图片可逐级放大，以尺寸的 0.5 倍递增，最大可放大到打开图片时显示的初始尺寸的 3 倍。

（4）图片缩小功能：在当前图片尺寸大小的基础上，图片可逐级缩小，最小可缩小到打开图片时显示的初始尺寸的 0.5 倍。

（5）图片旋转功能：打开图片后，可在图片的任意状态下对图片进行旋转操作。可在当前状态下，将图片向左或向右旋转，每次旋转角度差值为 90°。图片旋转后会自动适应窗口大小，完整显示图片。

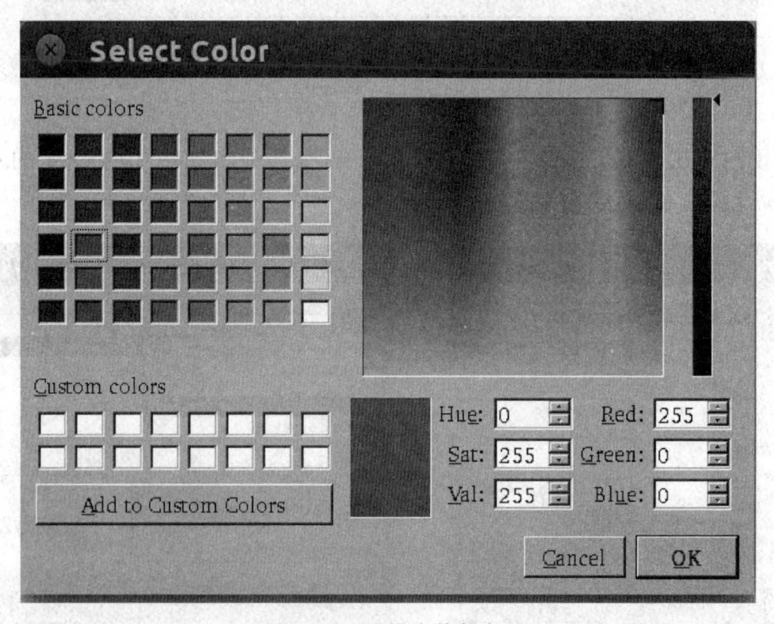

图 3-65　设置字体颜色

3.3.3.2　创建项目

（1）打开 Qt Creator 开发平台，选择“新建文件与工程”选项，在“选择一个模板”列表中选择“Qt Gui 应用”选项，单击【选择】按钮。

（2）为该项目取名为“picture”，项目保存路径为“/home/sa/myqt”，注意目录中不能有中文名称。也可以把当前路径设为默认的工程路径，如图 3-66 所示，单击【下一步】按钮。

（3）设置要创建的源码文件的基本类信息。这里设置类名为“Widget”，基类为“Qwidget”，勾选上“创建界面”复选框，如图 3-67 所示，单击【下一步】按钮。

（4）完成项目的创建，如图 3-68 所示，单击【完成】按钮。

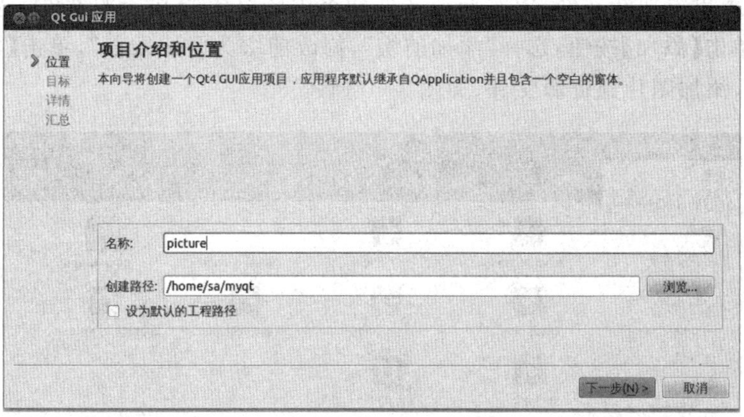

图 3-66　创建项目

图 3-67　类信息

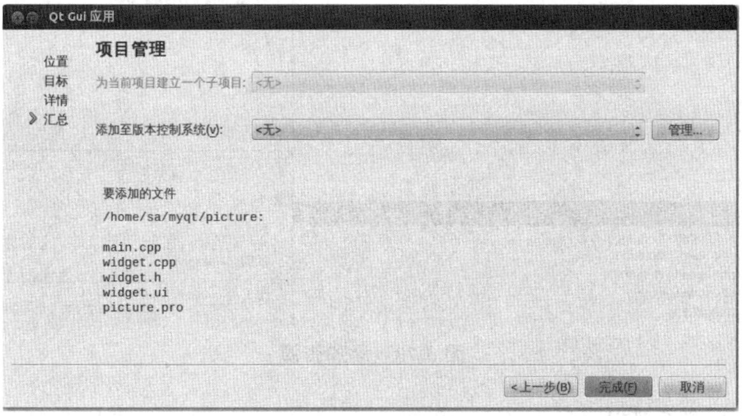

图 3-68　项目文件

3.3.3.3　程序界面设计

1. 添加电子相册项目资源

在项目目录内建立 images 目录，并放入项目中使用的 png 格式的图片，如图 3-69 所示。

点击文件菜单添加新文件，依次选择文件和类中的"Qt""Qt 资源文件"，资源文件名为images.qrc。单击【添加】按钮，选择"添加前缀"，修改前缀为"/images"，单击【添加】按钮，选择"添加文件"，添加图片到资源文件，如图 3-70 所示。

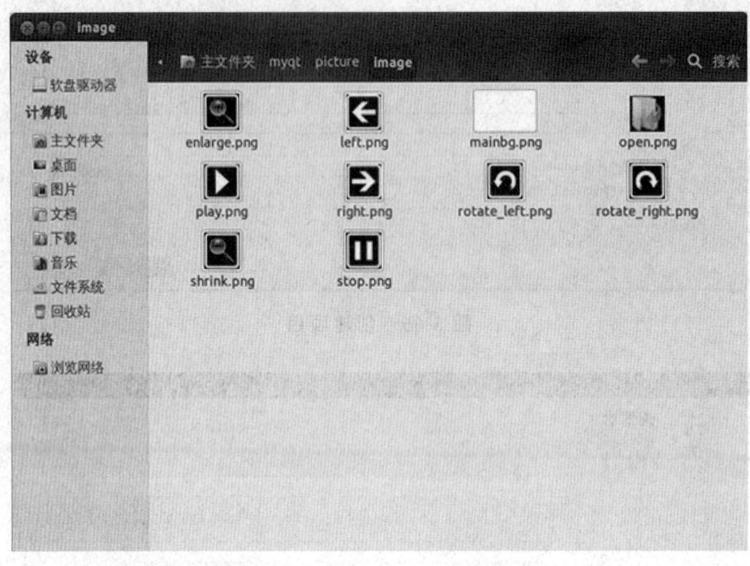

图 3-69 建立 images 目录

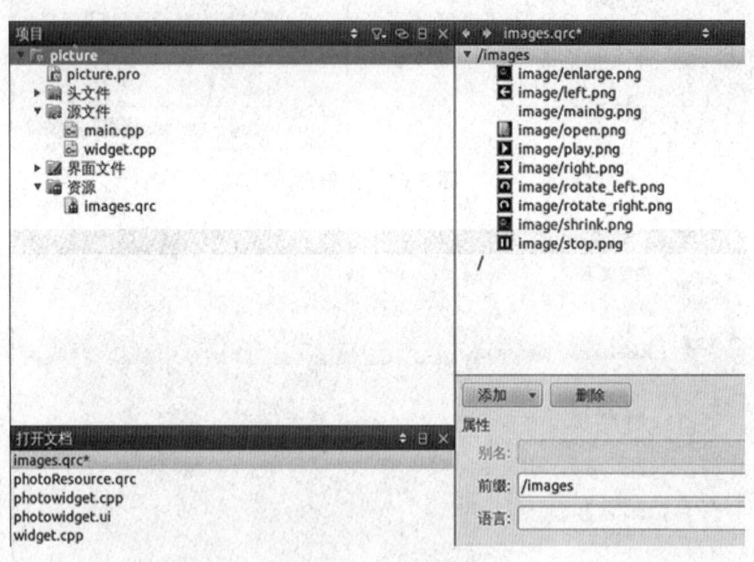

图 3-70 添加资源

2. 图片按钮界面设计

双击 widget. ui 文件，拖动一个 QPushButton 控件到 widget. ui 界面上。为了清楚地显示文本，设置其 geometry 的宽度及高度均为 40，设置其 icon 属性值为 shrnk. png，设置 iconSize 的宽度与高度为 40 和 39，其他按钮的设置方法类似。然后拖动一个 QLabel 标签到界面上，用来显示图片的数量和当前图片。拖动一个 QScrollArea 控件对象到界面上，用来显示图片，如图 3-71 所示。

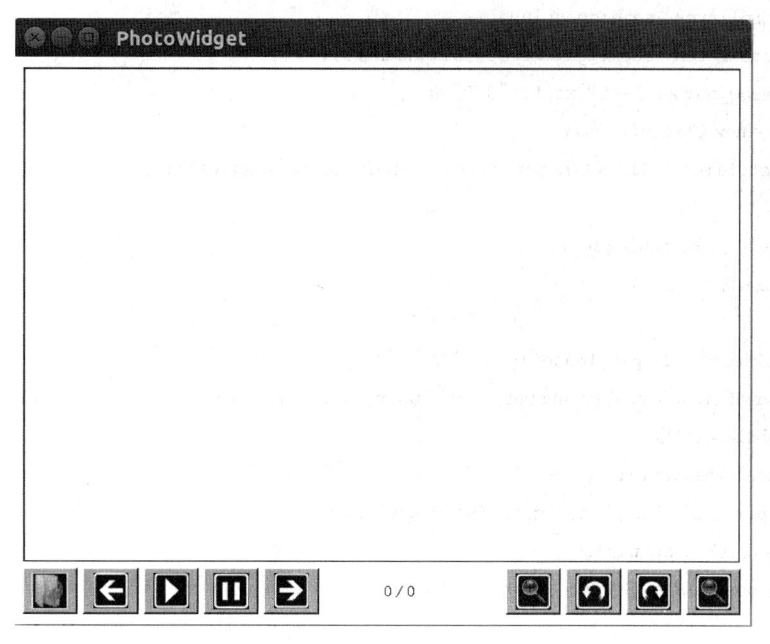

图 3-71　界面设计

3.3.3.4　程序代码

1. mainwindows. cpp 文件代码

```
#include"photowidget.h"
#include"ui_photowidget.h"
#include<QImage>
#include<QPalette>
#include<QLabel>
#include<QPixmap>
#include<QMatrix>
#include<QDir>
PhotoWidget::PhotoWidget(QWidget *parent):
    QWidget(parent),
    ui(new Ui::PhotoWidget){
    ui->setupUi(this);
    this->resize(800,600);
    QImage image;
    image.load(":image/mainbg.png");
    QPalette palette;
    palette.setBrush(this->backgroundRole(),QBrush(image));
    this->setPalette(palette);
    i=0;
    j=0;
    label=new QLabel(this);
```

```
    ui->scrollArea->setWidget(label);
    ui->scrollArea->setAlignment(Qt::AlignCenter);
    ui->image_number->setText(tr("0/0"));
    timer = new QTimer(this);
    connect(timer,SIGNAL(timeout()),this,SLOT(displayImage()));
}
PhotoWidget::~PhotoWidget(){
    delete ui;
}
void PhotoWidget::displayImage(){
    pix.load(imageDir.absolutePath() +  QDir::separator() + imageList.at(i));
    w = label->width();
    h = label->height();
    pix = pix.scaled(w,h,Qt::IgnoreAspectRatio);
    label->setPixmap(pix);
    image_position = QString::number(i + 1);
    i++;
    ui->image_number->setText(tr("%1/%2").arg(image_sum).arg(image_position));
    if(i == j)
      i = 0;
}
//打开
void PhotoWidget::on_openBtn_clicked(){
      QString dir = QFileDialog::getExistingDirectory(this,tr("Open Directory"),QDir::cur-
rentPath(),QFileDialog::ShowDirsOnly | QFileDialog::DontResolveSymlinks);
      if(dir.isEmpty())
          return;
      imageDir.setPath(dir);
      QStringList filter;
      filter<<"*.jpg"<<"*.bmp"<<"*.jpeg"<<"*.png"<<"*.xpm";
      imageList = imageDir.entryList(filter,QDir::Files);     //返回 imageDir 里面的文件
      j = imageList.size();
      image_sum = QString::number(j);
      image_position = QString::number(0);
      ui->image_number->setText(tr("%1/%2").arg(image_sum).arg(image_position));
}
//前一张
void PhotoWidget::on_beforBtn_clicked(){
      timer->stop();
      i--;
      if(i<0)
          i = j-1;
      pix.load(imageDir.absolutePath() +  QDir::separator() + imageList.at(i));
```

```
    w = label->width();
    h = label->height();
    pix = pix.scaled(w,h,Qt::IgnoreAspectRatio);
    label->setPixmap(pix);
    image_position = QString::number(i + 1);
    ui->image_number->setText(tr("%1/%2").arg(image_sum).arg(image_position));
}
//播放
void PhotoWidget::on_playBtn_clicked(){
    timer->start(1000);
}
//暂停
void PhotoWidget::on_pauseBtn_clicked(){
    timer->stop();
}
//后一张
void PhotoWidget::on_nextBtn_clicked(){
    timer->stop();
    i++;
    if(i == j)
        i = 0;
    pix.load(imageDir.absolutePath() +  QDir::separator() +  imageList.at(i));
    w = label->width();
    h = label->height();
    pix = pix.scaled(w,h,Qt::IgnoreAspectRatio);
    label->setPixmap(pix);
    image_position = QString::number(i + 1);
    ui->image_number->setText(tr("%1/%2").arg(image_sum).arg(image_position));
}
//放大
void PhotoWidget::on_zoomoutBtn_clicked(){
    timer->stop();
    pix.load(imageDir.absolutePath() +  QDir::separator() +  imageList.at(i));
    w *= 1.2;
    h *= 1.2;
    pix = pix.scaled(w,h);//设置图片的大小和 label 的大小相同,注意:IgnoreAspectRatio 很重要
    label->setPixmap(pix);
}
//向左旋转
void PhotoWidget::on_leftBtn_clicked(){
    timer->stop();
    matrix.rotate(-90);//旋转 90°
    pix = pix.transformed(matrix,Qt::FastTransformation);
```

```
    pix = pix.scaled(label->width(),label->height(),Qt::IgnoreAspectRatio);//设置图片大小为label 的大小,否则就会出现滑动条
    label->setPixmap(pix);
}
//向右旋转
void PhotoWidget::on_rightBtn_clicked(){
  timer->stop();
  matrix.rotate(90);//旋转 90°
  pix = pix.transformed(matrix,Qt::FastTransformation);
  pix = pix.scaled(label->width(),label->height(),Qt::IgnoreAspectRatio);//设置图片大小为label 的大小,否则就会出现滑动条
  label->setPixmap(pix);
}
//缩小
void PhotoWidget::on_zoominBtn_clicked(){
    timer->stop();
    pix.load(imageDir.absolutePath() +   QDir::separator() + imageList.at(i));
    w * = 0.8;
    h * = 0.8;
    pix = pix.scaled(w,h);//设置图片的大小和 label 的大小相同,注意:IgnoreAspectRatio 很重要
    label->setPixmap(pix);
}
```

主要代码说明:

(1)PhotoWidget 构造方法。当实例化 PhotoWidget 类对象时,执行 PhotoWidget 构造方法。在构造方法中,首先执行主界面背景图片的加载和绘制,然后创建 Label 控件对象并放置在 scrollArea 控件中进行图片显示,最后产生定时器对象,并建立定时器的 timeout()信号和 displayImage()槽之间的对应关系。

(2)on_openBtn_clicked 方法。单击【打开】按钮,首先执行目录对话框打开操作,用户可以选择图片所在的目录,其次根据图片的扩展名进行图片过滤,然后返回所在目录下的所有图片文件,最后获取所有图片的总数和设置当前图片索引为 0。

(3)on_playBtn_clicked 方法。单击【播放】按钮,执行定时器开始运行。

(4)displayImage 方法。当定时器每到 1 秒钟,执行此方法,首先将 QPixmap 对象加载图片路径,其次使图片的宽与高和给定的标签大小相匹配,然后将图片绘制显示在界面上,最后修改图片位置索引,并判断显示的图片是否指向最后一张。

(5)on_pauseBtn_clicked 方法。单击【暂停】按钮,执行定时器停止操作,实现图片暂停显示。

(6)on_beforBtn_clicked 方法。单击【前一张】按钮,执行此方法,首先执行定时器停止操作,其次判断图片的索引是否小于 0,如果成立,将重新为 i 赋值(i=图片总数-1),然后将 QPixmap 对象加载图片路径,并使图片的宽与高和给定的标签大小相匹配,最后将图片绘制显示在界面上,并修改图片位置索引。

(7)on_nextBtn_clicked 方法。单击【后一张】按钮,执行此方法,首先执行定时器停止操

作，其次判断图片的索引是否等于 0，如果成立，将重新将 i 赋值为 0，然后将 QPixmap 对象加载图片路径，并使图片的宽与高和给定的标签大小相匹配，最后将图片绘制显示在界面上，并修改图片位置索引。

(8)on_zoomoutBtn_clicked 方法。单击【放大图片】按钮，执行此方法，首先执行定时器停止操作，将 QPixmap 对象加载图片路径，然后将显示的图片的宽和高在水平方向和垂直方向按照 1.2 的倍数进行放大，最后将图片绘制显示在界面上。

(9)on_zoominBtn_clicked 方法。单击【缩小图片】按钮，执行此方法，首先执行定时器停止操作，将 QPixmap 对象加载图片路径，然后将显示的图片的宽和高在水平方向和垂直方向按照 0.8 的倍数进行缩小，最后将图片绘制显示在界面上。

(10)on_leftBtn_clicked 方法。单击【向左旋转图片】按钮，执行此方法，首先执行定时器停止操作，然后将图片顺时针旋转 90 度，最后将图片绘制显示在界面上。

(11)on_rightBtn_clicked 方法。单击【向右旋转图片】按钮，执行此方法，首先执行定时器停止操作，然后将图片逆时针旋转 90 度，最后将图片绘制显示在界面上。

2. main.cpp 文件代码

```
#include<QtGui/QApplication>
#include"widget.h"
int main(int argc,char *argv[]){
    QApplication a(argc,argv);
    Widget w;
    w.show();
    return a.exec();
}
```

3.3.3.5 程序测试与运行

(1)电子相册程序经过编译之后，运行主界面如图 3-72 所示。

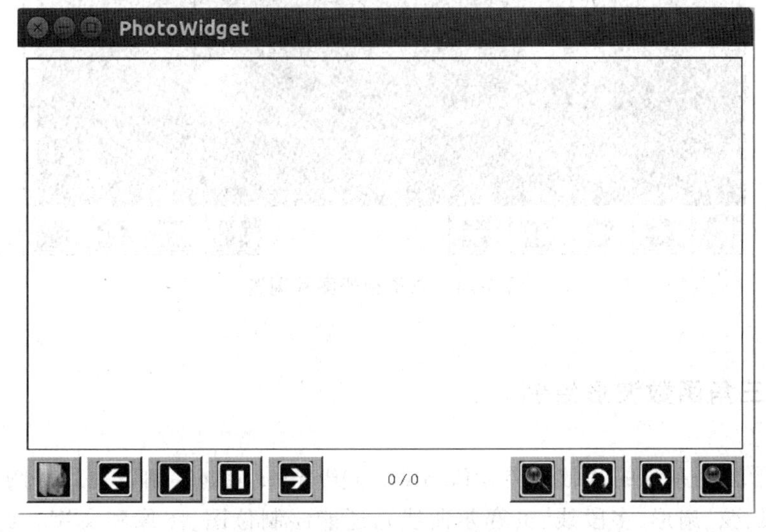

图 3-72 电子相册程序主界面

(2)单击“打开文件”图标，定位到图片存放目录，这里为/home/sa/myqt/picture_source，单击【Choose】按钮，如图 3-73 所示。

(3)单击【播放】按钮，可以定时循环播放图片目录中的所有图片文件，如图 3-74 所示。

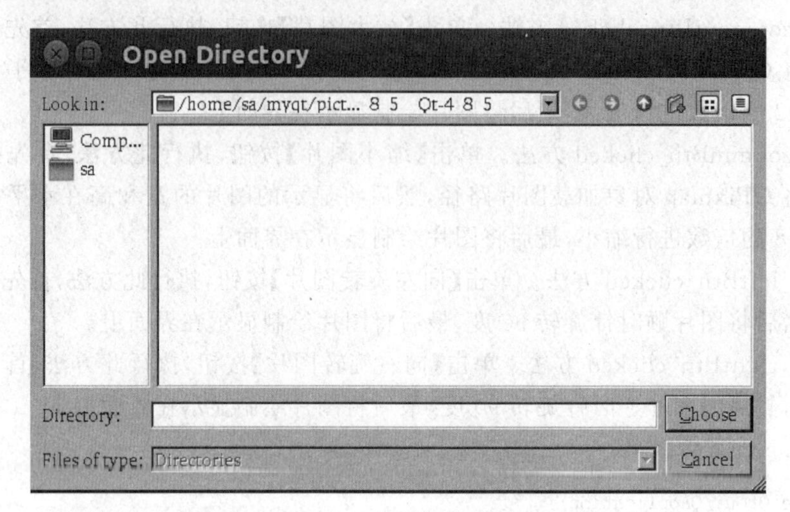

图 3-73　打开图片目录

图 3-74　电子相册图片浏览

3.3.4　三角函数波形绘制

Qt 的图形绘制系统的基础是类 QPainter。QPainter 能够绘制各种几何图形(点、线、矩形、椭圆、圆弧、弦、扇形、多段线、贝赛尔曲线)，还能绘制位图、图像和文字。此外 QPainter 还提供了很多高级功能，如平滑(平滑文字和几何图形的边界)、透明度、渐变色和矢量路径。

QPainter 还支持矩阵变换，使绘制 2D 图形和分辨率无关。

QPainter 能够在“绘图设备”上绘图，如 QWidget、QPixmap、QImage 等都是绘图设备。在实现用户控件或者改变控件的外观时经常使用它。QPainter 还能够和 QPrinter 一起使用进行打印，制作 pdf 文档。这样可以用同样的代码把数据显示在屏幕上或者打印出来。

在项目开发中，若遇到需要自己绘制图形时，同样可以应用 QPainter 类来实现。若要在绘图设备(paint device，一般是一个控件)上进行绘制，只需创建一个 QPainter，把绘图设备指针传给 QPainter 对象。例如：

```
void Widget::paintEvent(QPaintEvent * event)
{
    QPainter painter(this);  //把绘图设备指针传给 QPainter 对象
    ...
}
```

使用 QPainter 的 draw…()函数可以绘制各种图形。绘制的方式由 QPainter 的设置决定。设置的一部分是从绘图设备得到的，其他是初始化时的默认值。3 个主要的设置为：画笔、刷子和字体。画笔用来绘制直线和图形的边框，包含颜色、宽度、线型、角设置和连接设置；刷子是填充几何图形的方式，包含颜色、方式设置，也可以是一个位图或者渐变色；字体用来绘制文本，字体的属性很多，如字体名、字号等。这些设置随时可以改变，可用 QPen、QBrush、QFont 对象调用 setPen()、setBrush()、setFont()修改。

1. 程序功能

该程序主要功能是显示三角波数波形图。

2. 创建项目

(1)打开 Qt Creator 开发平台，选择“新建文件与工程”选项，在“选择一个模板”列表中选择“Qt Gui 应用”选项，单击【选择】按钮。

(2)为该项目取名为“tfwd”，项目保存路径为“/home/sa/qt”，注意目录中不能有中文名称。也可以把当前路径设为默认的工程路径，如图 3-75 所示，单击【下一步】按钮。

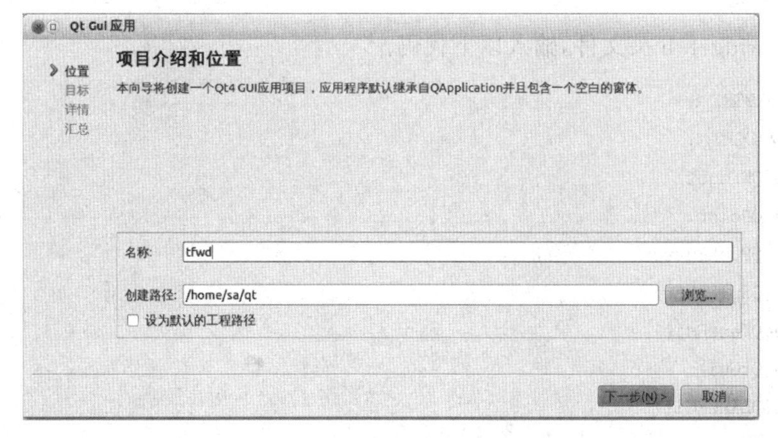

图 3-75　创建项目

(3)设置要创建的源码文件的基本类信息。这里设置类名为“Widget”，基类为“Qwidget”，勾选上“创建界面”复选框，如图 3-76 所示，点击【下一步】按钮。

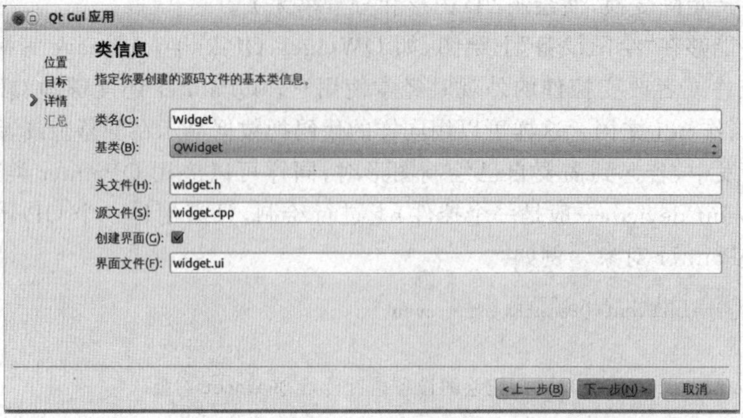

图 3-76　类信息

(4)完成项目的创建,如图 3-77 所示,点击【完成】按钮。

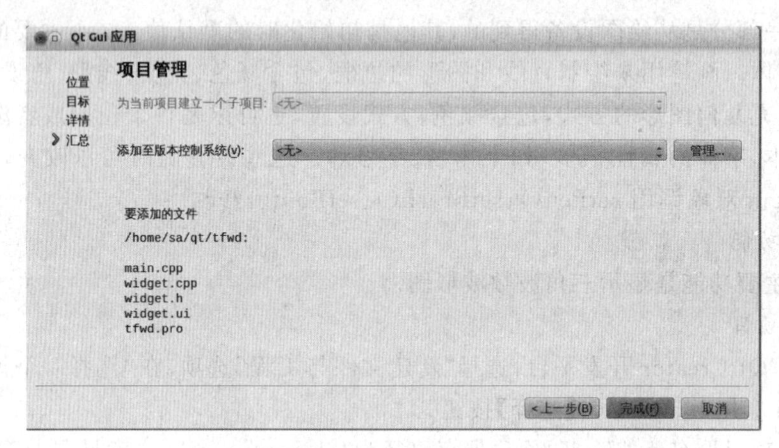

图 3-77　项目文件

3. 程序代码

(1)双击 widget.h 头文件,输入以下代码。

```
#ifndef WIDGET_H
#define WIDGET_H
#include<QWidget>
#include<QPoint>
#include<QPushButton>
#include<QSplitter>
#include<QTextEdit>
#include<QtGui>
#include<QLineEdit>
namespace Ui {
    class Widget;
}
class Widget:public QWidget {
```

```
    Q_OBJECT
public:
    Widget(QWidget *parent = 0);
    ~Widget();
    bool eventFilter(QObject *watched,QEvent  *event);
    void magicTime();
protected:
    void changeEvent(QEvent *e);
    void mouseMoveEvent(QMouseEvent *e);
private:
    Ui::Widget *ui;
    QSplitter *splitterLeft, *splitterRight;
    QSplitter *splitterMain;
    QTextEdit *textLeft, *textRightTop, *textRightBottom;
    QPushButton *OscButton, *FreqButton;
    QGridLayout *grid;
    QLabel *PaintLabel;
    QPainter *painter;
    QLabel *label, *grid_titlelabel, *grid_timelabel, *grid_voltagelabel;
    QLineEdit *grid_timelineedit, *grid_voltagelineedit;
    QImage *frame;
    QPixmap mp;
    //QPen pen;
    //QPixmap pixmap;
    //QPainter paint;
    QHBoxLayout *WidgetMain;
    QVBoxLayout *WidgetLeft, *WidgetRight;
    bool EnterButton(QPoint pp,QPushButton *button);
    QGroupBox *creatPushButtonGroup();
    QVBoxLayout *vbox;
    double PaintSin(double t_ms,double A);
private slots:
    void OscButtonClicked();
    void FreqButtonClicked();
};
#endif//WIDGET_H
```

(2)双击 widget.cpp 文件,输入以下代码。

```
#include"widget.h"
#include"ui_widget.h"
#include<QtGui/qevent.h>
#include<QTextCodec>
#include<QMessageBox>
```

```
#include<math.h>
#include<QDebug>
Widget::Widget(QWidget *parent):
    QWidget(parent),
    ui(new Ui::Widget){
    ui->setupUi(this);
    QTextCodec *codec = QTextCodec::codecForName("UTF-8");
    QTextCodec::setCodecForTr(codec);
    QTextCodec::setCodecForLocale(QTextCodec::codecForLocale());
    QTextCodec::setCodecForCStrings(QTextCodec::codecForLocale());
    setMouseTracking(true);
    grid = new QGridLayout;
    OscButton = new QPushButton(tr("OSCI"));
    FreqButton = new QPushButton(tr("FREQ"));
    connect(OscButton,SIGNAL(clicked()),this,SLOT(OscButtonClicked()));
    connect(FreqButton,SIGNAL(clicked()),this,SLOT(FreqButtonClicked()));
    grid->addWidget(OscButton,0,0);
    grid->addWidget(FreqButton,1,0);
    PaintLabel = new QLabel;
    PaintLabel->resize(800,600);
    //PaintLabel->setText("Add Label");
    PaintLabel->installEventFilter(this);
    label = new QLabel;
    label->resize(50,600);
    label->setText("Time:100ms Voltage:200mv");
    WidgetLeft = new QVBoxLayout;
    WidgetRight = new QVBoxLayout;
    WidgetMain = new QHBoxLayout;
    WidgetLeft->addWidget(PaintLabel);
    WidgetLeft->addWidget(label);
    WidgetRight->addLayout(grid);
    WidgetMain->addLayout(WidgetLeft);
    WidgetMain->addLayout(WidgetRight);
    PaintLabel->setPixmap(QPixmap("/home/sa/qt/tfwd/lenovo.jpg"));
    setLayout(WidgetMain);
}
Widget::~Widget(){
    delete ui;
}
void Widget::changeEvent(QEvent *e){
    QWidget::changeEvent(e);
    switch(e->type()){
    case QEvent::LanguageChange:
```

```
            ui->retranslateUi(this);
            break;
        default:
            break;
        }
}
void Widget::mouseMoveEvent(QMouseEvent * e){}
bool Widget::EnterButton(QPoint pp,QPushButton * button){
    int height = button->height();
    int width = button->width();
    QPoint buttonminpos = button->pos();
    QPoint buttonmaxpos = button->pos();
    buttonmaxpos.setX(button->pos().x() + width);
    buttonmaxpos.setY(button->pos().y() + height);
    if(pp.x() >= buttonminpos.x()&& pp.y() >= buttonminpos.y()
        && pp.x() <= buttonmaxpos.x()&& pp.y() <= buttonmaxpos.y())
          return true;
    else
          return false;
}
QGroupBox * Widget::creatPushButtonGroup(){}
void Widget::OscButtonClicked(){
    int x,y,i,j,k;
    QPen pen(Qt::green,1,Qt::SolidLine,Qt::RoundCap,Qt::RoundJoin);
    QPixmap pixmap(800,600);
    QPainter paint(&pixmap);
    paint.setBrush(Qt::green);
    paint.setPen(pen);
    for(i = 80,j = 60;i<800,j<600;i = i + 80,j = j + 60){
      if(i == 400 || j == 300){
          pen.setWidth(4);
          paint.setPen(pen);
      }
      else{
          pen.setWidth(1);
          paint.setPen(pen);
      }
      paint.drawLine(i,0,i,600);
      paint.drawLine(0,j,800,j);
    }
    int pix_x,pix_y,pix_x1,pix_y1;
    double sin_y;
    double circle_dpi;
```

```
        double divtime = 100.0;
        double circle_time;
        double duperdpi,huduperdpi;
        double t_ms = 500.0;
        double hudu;
        circle_time = t_ms/divtime;
        circle_dpi = 80 * circle_time;
        for(pix_x = 0;pix_x <= circle_dpi * 2;pix_x++){
            duperdpi = 360/circle_dpi;
            huduperdpi = 2 * 3.1415926/circle_dpi;
            hudu = pix_x * huduperdpi;
            sin_y = 200 * sin(hudu) + 300;
            y = sin_y * 10;
            y = y % 10;
            if(y >= 5)
                pix_y = sin_y + 1;
            else
                pix_y = sin_y;
            paint.drawPoint(pix_x,pix_y);
            paint.drawPoint(pix_x + 400,pix_y);
            if(pix_x>0){
              paint.drawLine(pix_x1,pix_y1,pix_x,pix_y);
            }
            pix_x1 = pix_x;
            pix_y1 = pix_y;
            qDebug("pix_x = %d,hudu = %f,sin = %d\n",pix_x,hudu,/ * 200 * sin(hudu) + 300 * /pix_
y);
            OscButton->hide();
            FreqButton->hide();
        }
        PaintLabel->setPixmap(pixmap);
    }
    void Widget::FreqButtonClicked(){}
    bool Widget::eventFilter(QObject * watched,QEvent * event){
        if(watched == PaintLabel && event->type() == QEvent::Paint){
            //magicTime();
        }
        return QWidget::eventFilter(watched,event);
    }
    void Widget::magicTime(){
        QPainter painter(PaintLabel);
        painter.setPen(Qt::gray);
        painter.setBrush(Qt::green);
```

```
    painter.drawLine(0,300,800,300);
}
double Widget::PaintSin(double t_ms,double A){
    int pix_x;
    double y;
    double circle_dpi;
    double divtime = 100.0;
    double circle_time;
    double duperdpi,huduperdpi;
    circle_time = t_ms/divtime;
    circle_dpi = 60 * circle_time;
    for(pix_x = 0;pix_x<circle_dpi;pix_x++){
      duperdpi = 360/circle_dpi;
      huduperdpi = 2 * 3.1415926/circle_dpi;
      y = 200 * sin(huduperdpi);
    }
    return 0;
}
```

(3)双击 main.cpp 文件,输入以下代码。

```
#include<QtGui/QApplication>
#include"widget.h"
#include<QTextCodec>
#include<QDesktopWidget>
int main(int argc,char * argv[]){
    QApplication a(argc,argv);
    Widget w;
    QTextCodec * codec = QTextCodec::codecForName("UTF-8");
    QTextCodec::setCodecForTr(codec);
    QTextCodec::setCodecForLocale(QTextCodec::codecForLocale());
    QTextCodec::setCodecForCStrings(QTextCodec::codecForLocale());
    w.resize(800,600);
    w.show();
    w.move((QApplication::desktop()->width()-w.width())/2,(QApplication::desktop()->height
()-w.height())/2);
    return a.exec();
}
```

4. 程序分析

在 QPainter 的初始坐标系统中,点(0,0)位于绘图设备的左上角。X 轴坐标向右递增,Y 轴向下递增,一个像素占据 1×1 的面积。三角函数波形曲线数据的获取,是通过调用 sin()函数来实现,所以,在对应的 cpp 源码文件中,需要包含 math.h 头文件。

图形图像的显示可以通过 Label 控件来实现。通过设置 Label 控件的大小,在显示器上占据一定的像素区域，比如 label->resize(800,600)，就是将 Label 的大小设置为(800,600)像素，那么通过设置 QPixmap 类的数据，再设置到 Label 上，就可以看到对应的图像显示。

QPixmap 是 Qt 下的像素区域类，通过 QPainter 关联到该类，就可以进行图像数据的更改。在(800,600)区域内实现三角函数波形的绘制，横坐标与纵坐标都是以像素点为单位，但通过三角函数计算出来的数据是介于－1 与＋1 之间的数据，所以还必须通过幅值的扩大与坐标平移。

在程序源码中，定义了一个名为 void OscButtonClicked()的槽函数，这个槽函数通过信号与槽关联到按钮的点击事件。

```
connect(OscButton,SIGNAL(clicked()),this,SLOT(OscButtonClicked()));
```

当按钮被点击时，将会执行 void OscButtonClicked()，进行三角函数的绘制。以下代码实现 QPixmap 的定义及通过 QPainter 类关联到 QPixmap 的地址，那么，通过 QPainter 绘制的图形数据就会改变 QPixmap 中对应像素点的数据。

```
int x,y,i,j,k;
QPen pen(Qt::green,1,Qt::SolidLine,Qt::RoundCap,Qt::RoundJoin);
QPixmap pixmap(800,600);
QPainter paint(&pixmap);
paint.setBrush(Qt::green);
paint.setPen(pen);
```

绘制水平方向与竖直方向的等分线时，中心等分线要粗些，竖直等分线间隔 80 像素点，水平等分线间隔 60 像素点。当竖直等分线绘制在 400 像素点时为中心等分线，将 Pen 的宽度设置为 3 个像素，其他的线设置为 1 个像素。

```
for(i = 80,j = 60;i<800,j<600;i = i + 80,j = j + 60){
      if(i = = 400 || j = = 300){
          pen.setWidth(4);
          paint.setPen(pen);
      }
      else{
          pen.setWidth(1);
          paint.setPen(pen);
      }
      paint.drawLine(i,0,i,600);
      paint.drawLine(0,j,800,j);
  }
```

在三角函数 sin()计算曲线点的坐标时，需要传递的数据单位为弧度，按 800 像素点绘制两个周期，也就是说，每 400 个像素点绘制一个周期，需要计算出每个像素点对应的弧度值，并通过循环计算出对应的像素点的坐标。

```
int pix_x,pix_y,pix_x1,pix_y1;
double sin_y;
double circle_dpi;
double divtime = 100.0;
double circle_time;
double duperdpi,huduperdpi;
double t_ms = 500.0;
double hudu;
circle_time = t_ms/divtime;
circle_dpi = 80 * circle_time;
for(pix_x = 0;pix_x< = circle_dpi * 2;pix_x+ + ){
    duperdpi = 360/circle_dpi;
    huduperdpi = 2 * 3.1415926/circle_dpi;
    hudu = pix_x * huduperdpi;
    sin_y = 200 * sin(hudu) + 300;
    y = sin_y * 10;
    y = y % 10;
    if(y> = 5)
        pix_y = sin_y + 1;
    else
        pix_y = sin_y;
    paint.drawPoint(pix_x,pix_y);
    paint.drawPoint(pix_x + 400,pix_y);
    if(pix_x>0){
      paint.drawLine(pix_x1,pix_y1,pix_x,pix_y);
    }
    pix_x1 = pix_x;
    pix_y1 = pix_y;
    qDebug("pix_x = %d,hudu = %f,sin = %d\n",pix_x,hudu,/ * 200 * sin(hudu) + 300 * /pix_y);
    OscButton->hide();
    FreqButton->hide();
}
```

在函数的最后，将绘制到 QPixmap 中的数据显示到 Label 上，那么就会看到三角函数波形。

```
PaintLabel->setPixmap(pixmap);
```

5. 测试与运行

具体操作如下。

(1)单击左侧一栏下面绿色三角形的“运行”图标。如果代码没有问题，则程序运行的结果如图 3-78 所示。

(2)单击【OSCI】(示波器)按钮，则看到三角函数波形，如图 3-79 所示。

图 3-78　三角函数波形绘制程序主界面

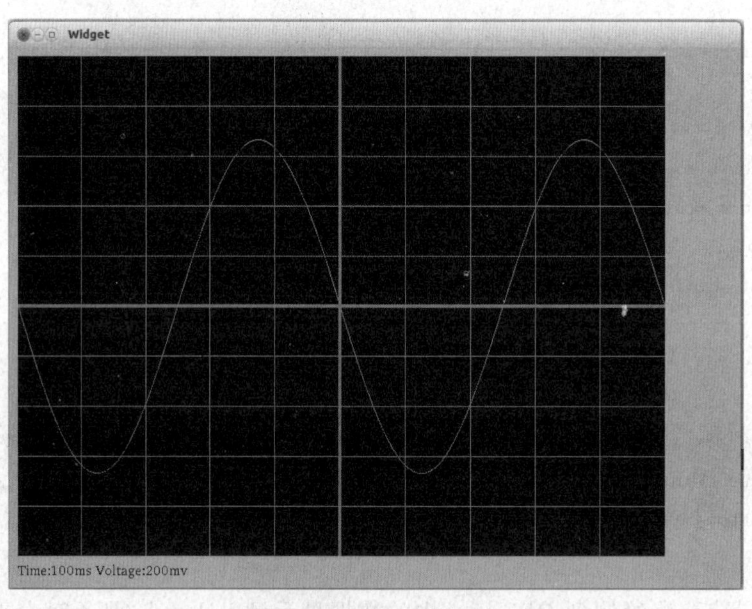

图 3-79　三角函数波形

【思考与练习】

一、选择题

1. Qt 中经常使用的布局管理器是(　　)

A. QVBoxLayout　　B. QHBoxLayout　　C. QGridLayout　　D. Qgridlayout

2. Qt 中经常使用的类是(　　)

A. QPushButton　　B. PushButton　　C. Qlabel　　D. qlabel

3. Qt 可支持的平台包括(　　)

A. windows　　B. Mac　　C. Linux　　D. Embedded Linux

4. Qt Creator 是跨平台集成开发环境,它包括 (　　)

A. 高级 C++代码编辑器

B. 集成的 Gui 外观和版式设计器 Qt Designer

C. 项目和生成管理工具

D. 集成的上下文相关的帮助系统

5. QObject::connect(button,SIGNAL(clicked(),&app,SLOT(quit())这里的信号与槽分别是(　　)

A. 信号是 button,槽是 &app　　B. 信号是 clicked(),槽是 &app

C. 信号是 clicked(),槽是 quit();　　D. 信号是 button,槽是 quit();

6. 创建一个标签对象 QLabel *label=运算符 QLabel,这里运算符应该是(　　)

A. add　　B. or　　C. new　　D. start

7. 以下哪个类是 Qt 中的按钮类(　　)

A. QPushButton　　B. QButton　　C. QCLickButton　　D. Button

8. 修改文件权限的 shell 命令是(　　)

A. run　　B. chown　　C. chmod　　D. ch

9. Qt 项目文件类型是(　　)

A. prj　　B. pro　　C. cpp　　D. ui

10. vim 中按以下哪个字母可进入插入环境(　　)

A. i　　B. b　　C. C　　D. d

二、填空题

1. 交叉开发环境是由＿＿＿＿＿和＿＿＿＿＿两套计算机系统组成的。

2. 信号与槽的关联可以通过＿＿＿＿＿函数实现。

3. Qt 是 Nokia 公司(现 DIGIA 公司)的一个＿＿＿＿＿图形库。

4. 一种在主机环境下开发,在目标板上运行的开发模式叫作＿＿＿＿＿。

三、判断题

1. Qt 是一个已经形成事实上标准的 C# 框架,它被用于高性能的跨平台软件开发。(　　)

2. cat 命令可以查看文件的信息。(　　)

3. Qt 不能跨平台使用。(　　)

四、简答题

源码包为 qt-everywhere-opensource-src-4. 8. 5tar. gz,简述基于 X86 平台的 Qt 库的编译安装过程。

Chapter 4

第4章 开发板基础

4.1 开发板及启动卡的制作

【目的与要求】

• 了解 ARM 公司的发展
• 掌握开发板的 CPU、RAM、FLASH 的特点
• 了解开发板的接口,启动方法
• 掌握 SD 启动卡制作的方法

4.1.1 开发板基础

Tiny210 和 Smart210 均是高性能的 Cortex-A8 核心板,它们由广州友善之臂设计、生产和发行销售,均采用三星 S5PV210 作为主处理器,运行主频可高达 1 GHz,S5PV210 内部集成了 PowerVR SGX540 高性能图形引擎,支持 3D 图形流畅运行,并可播放 1 080 P 大尺寸高清视频,流畅运行 Android、Linux 和 WinCE6 等高级操作系统,非常适合开发高端物联网终端、广告多媒体终端、智能家居、高端监控系统、游戏机控制板等设备。

1. Tiny210 核心板

Tiny210 核心板主要采用了 2.0 mm 间距的双排针,引出 CPU 大部分常用功能引脚,并力求和 Tiny6410 核心板大小一致(64 mm×50 mm),引脚兼容(P1,P2,CON2),IO 电平为 3.3 V;另外还根据 S5PV210 芯片的特性,引出了标准的 JTAG 接口,Tiny210 标配 512 M 内存和 512 M 闪存(SLC),并可选配 256 M/1 GB 闪存(SLC),如图 4-1 所示。

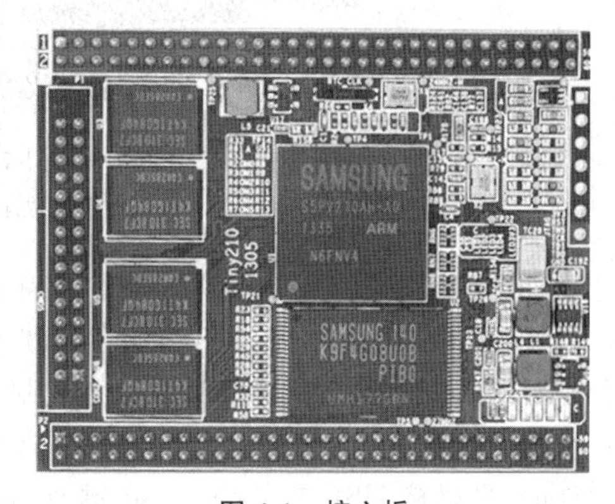

图 4-1 核心板

注:图片来源于广州友善之臂计算机科技有限公司《Tiny210 用户手册》。

表 4-1 核心板参数

项目	特点
CPU 处理器	• Samsung S5PV210,基于 CortexTM-A8,运行主频 1 GHz • 内置 PowerVR SGX540 高性能图形引擎 • 支持流畅的 2D/3D 图形加速 • 最高可支持 1080p@30 fps 硬件解码视频流畅播放,格式可为 MPEG4,H.263,H.264 等 • 最高可支持 1080p@30 fps 硬件编码(Mpeg-2/VC1)视频输入
DDR2 RAM 内存	• Size:512 MB • 32 bit 数据总线,单通道 • 运行频率:200 MHz
FLASH 存储	标配 SLC NAND Flash:512 M(可选配 256 M/1 G SLC Nand Flash)

2. Tiny210 底板

开发板底板如图 4-2 所示，开发板采用 5 V 直流电源供电，提供了 2 个电源输入口，CN1 为附带的 5 V 电源适配器插座，白色的 CON5 为 4Pin 插座，方便板子放入封闭机箱时连接电源。

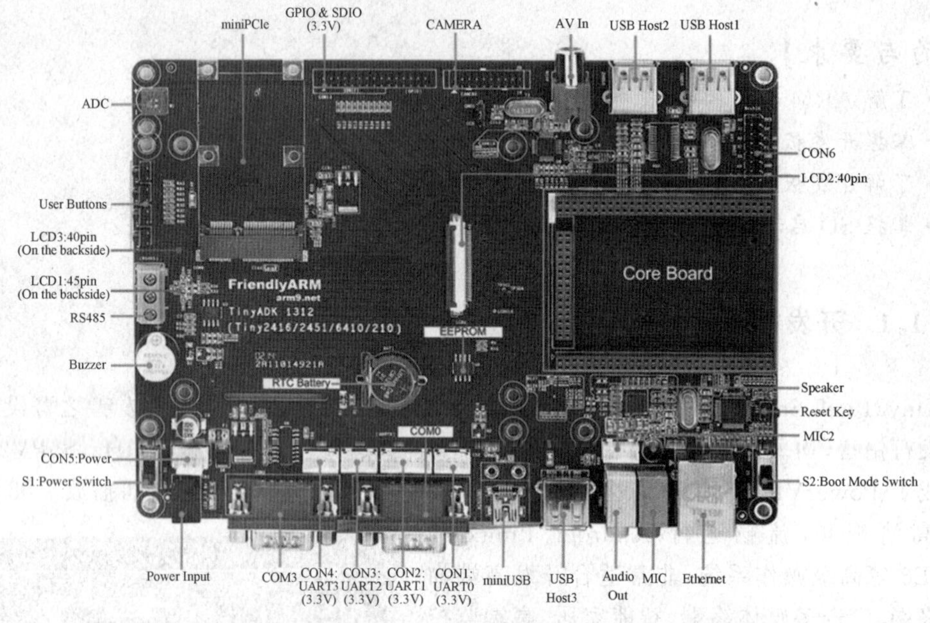

图 4-2　开发板底板

注：图片来源于广州友善之臂计算机科技有限公司《Tiny210 用户手册》。

S5PV210 本身总共有 4 个串口，其中 UART1 为四线的功能串口，UART0、UART2、UART3 为两线串口。在本开发板上，UART0 和 UART3 已经经过 RS232 电平转换，它们分别对应于 COM0 和 COM3，可以通过附带的交叉串口线和 PC 互相通信。

开发板具有两种 USB 接口，一种是 USB Host(2.0)接口，它和普通 PC 的 USB 接口是一样的，可以接 USB 摄像头、USB 键盘、USB 鼠标、U 盘等常见的 USB 外设；另外一种是 miniUSB(2.0)，主要用于 Android 系统下的 ADB 功能，用于软件安装和程序调试。

开发板的有线网络采用了 DM9000 网卡芯片，它可以自适应 10/100M 网络，RJ45 连接头内部已经包含了耦合线圈，因此不必另接网络变压器，使用普通的网线即可连接本开发板至路由器或者交换机。

开发板采用的是 I2S0 接口，它外接了 WM8960 作为 CODEC 解码芯片，可支持 HDMI 音视频同步输出，其中，WM8960 芯片在 Smart210 核心板和 TinySDK/TinyADK 底板上。音频系统的输出为开发板上的常用 3.5 mm 绿色孔径插座。

Smart210 SDK 共有 8 个按键，而 TinySDK/TinyADK 则只有 4 个(另外 4 个没有引出按键)，它们均从 CPU 中断引脚直接引出，属于低电平触发。

TinyADK/TinySDK 和 Smart210 SDK 均带有 3 个 LCD 接口，其中一个是 45 pin，同时运行一线触摸和电容触摸屏。LCD 接口座中包含了常见 LCD 所用的大部分控制信号(行场扫描、时钟和使能等)和完整的 RGB 数据信号(RGB 输出为 8:8:8，即最高可支持 1 600 万色的 LCD)；为了方便用户试验，还引出了 PWM 输出和复位信号(nRESET)，其中 LCD_PWR 是背光开关控制信号。注意：因为采用了一线精准触摸，LCD1 和 LCD2 座中并不包含 CPU 自带的四线电阻触摸引脚,而是增设了I2C和中断脚,这样设计是为了将来能够采用电容触摸屏。

开发板的蜂鸣器Buzzer是通过PWM0控制的,其中PWM0对应GPD0_0,该引脚可通过软件设置为PWM输出,也可以作为普通的GPIO使用。

Tiny210引出2路SDIO接口,在本开发底板中,SDIO0被用作普通SD卡接口使用,该接口可以支持SDHC,也就是高速大容量卡。

4.1.2 烧写superboot到SD卡

要通过SD卡来启动210开发板,需要先在PC上使用SD-Flasher软件把Superboot-210写入SD卡(位于光盘:images/Superboot210.bin)。说明:superboot支持自动识别SD卡或NAND Flash启动,因此它可以烧写到SD卡或NAND中使用。

(1)打开光盘\tools目录中的SD-Flasher.exe烧写软件,选择"以管理员身份运行",如图4-3所示。

(2)启动SD-Flasher.exe软件时,会弹出"Select your Machine…"对话框,请在其中选择"Mini210/Tiny210"选项,如图4-4所示。

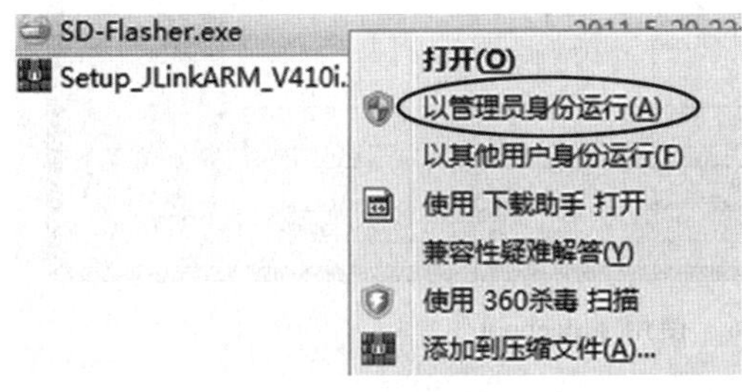

图4-3 双击SD-Flasher.exe文件

图4-4 选择开发板类型

(3)单击【Next】按钮后将弹出SD-Flasher主界面,请注意,此时软件中的【ReLayout】按钮是有效的,使用它来分割SD卡,以便以后可以安全地读写,如图4-5所示。

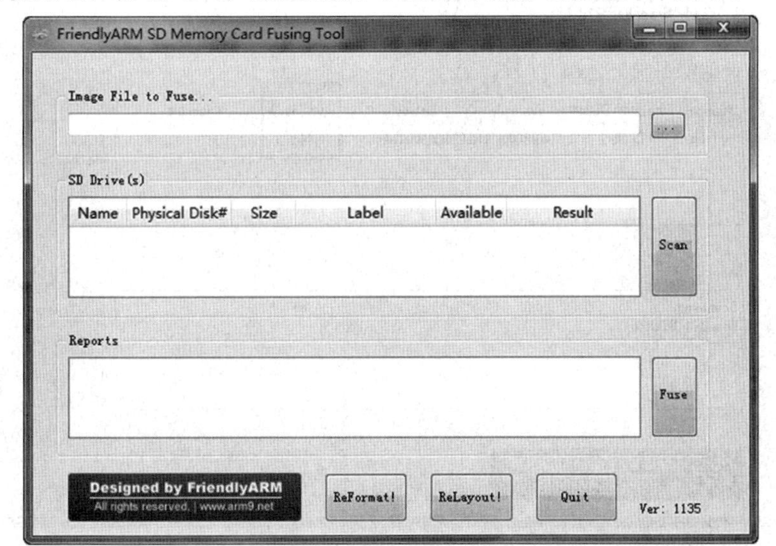

图4-5 SD-Flasher主界面

(4)单击【…】按钮找到所要烧写的 superboot(注意不要放在中文目录下),如图 4-6 所示。

(5)把 FAT32 格式的 SD 卡插入笔记本的卡座,也可以使用 USB 读卡器连接普通的 PC,请务必先备份卡中的数据。单击【Scan】按钮,找到的 SD 卡就会被列出,如图 4-7 所示,

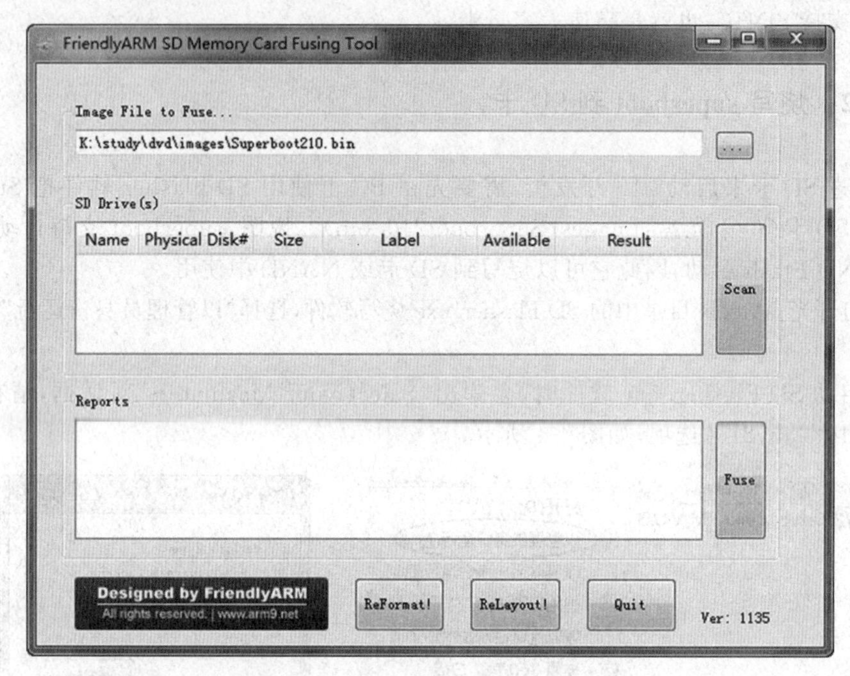

图 4-6 使用 superboot

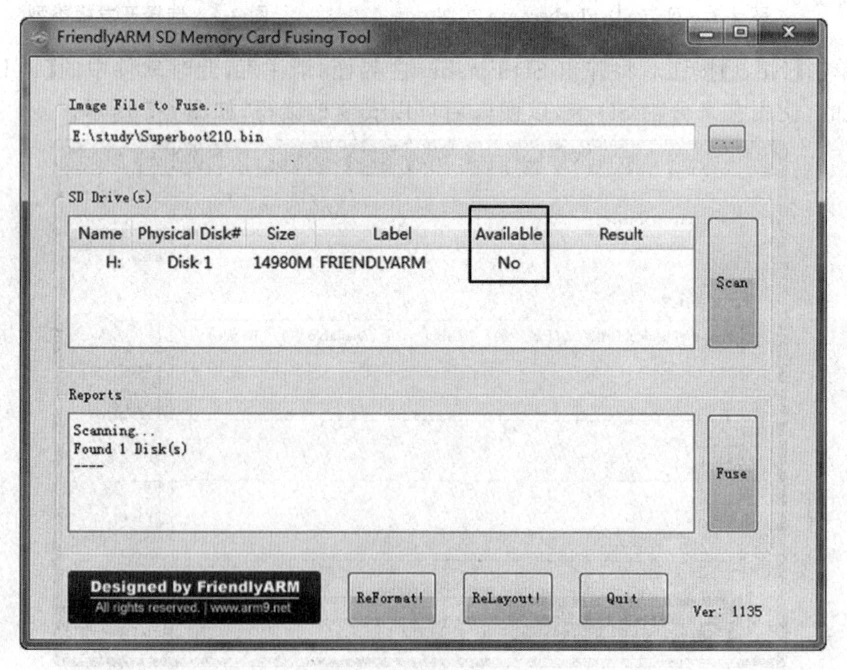

图 4-7 识别 SD 卡

可以看到此时 SD 卡是不能被烧写的，即 Available 属性为“No”。

(6)单击【ReLayout】按钮，会跳出一个提示框，如图 4-8 所示，提示 SD 卡中的所有数据将会丢失。单击【Yes】按钮，开始自动分割，这需要稍等一会儿。

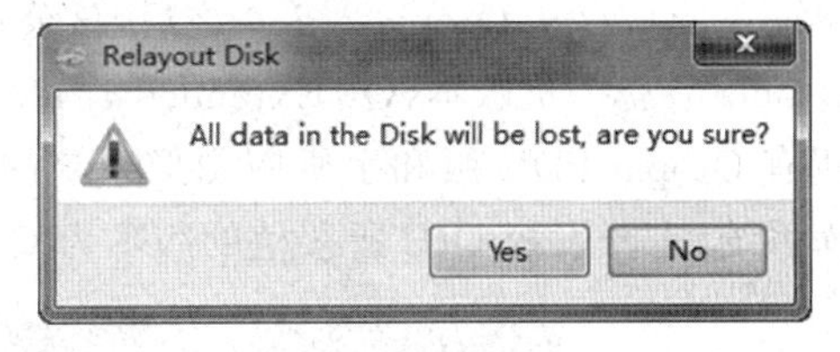

图 4-8　确认分区

(7)分割完毕后，回到 SD-Flasher 主界面。此时单击【Scan】按钮，就可以看到 SD 卡卷标已经变为“FriendlyARM”，并且可以使用了，如图 4-9 所示。

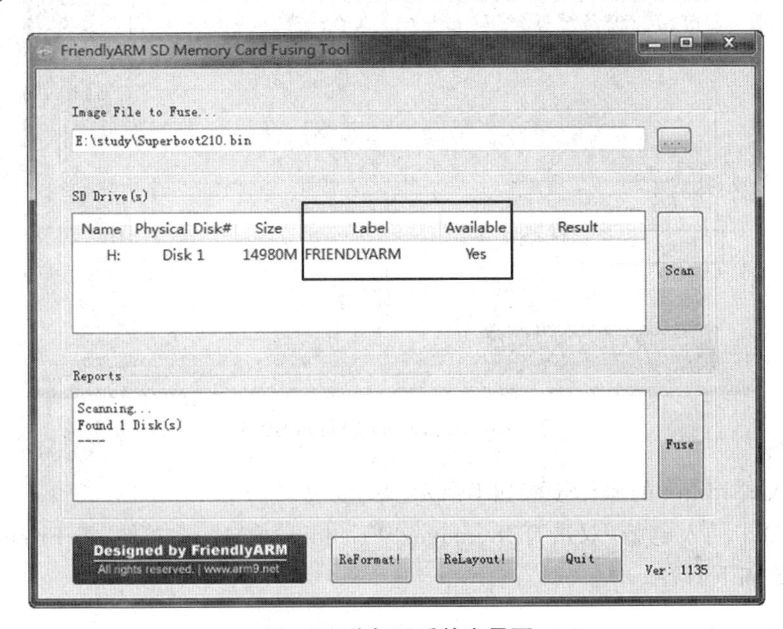

图 4-9　分好区后的主界面

(8)单击【Fuse】按钮，superboot 就会被安全地烧写到 SD 卡的无格式区中，如图 4-10 所示。

superboot 被写入 SD 卡后是无法看到的，该如何检测呢？很简单，把 SD 卡插到开发板上，并把开发板上 S2 开关设置为“SDBOOT”模式。开机后，就可以看到板上的 LED1 在不停的闪烁，这就说明 superboot 已经正常运行了。如果没有看到 LED1 闪烁，或串口也没有输出，说明没有烧写成功。

用户也可以使用厂家提供的 minitools 图形化用户界面来完成 bootloader 的烧写。

4.1.3　烧写嵌入式 Linux 系统

开发板的 Linux 预装了 Qtopia 2.2.0、QtE 4.7 和 Qt Extended 4.4.3 三套图形界面系统，通过友善开发的工具可在三套系统之间无缝切换，非常方便，其中，Qtopia 2.2.0 是开机默认运行的系统。

Qtopia 2.2.0 是奇趣公司基于 Qt/Embedded 2.3 库开发的 PDA 版(也是最终版)图形

界面系统。自从 Qtopia 2.2.0 之后,该公司就再也没有提供 PDA 版的图形系统。最新版的 Qtopia 只有手机版本(Qt Extended 4.4.3),而且 Qt 公司自从 2009 年 3 月开始已经停止了所有 Qtopia PDA 版和手机版图形系统的授权,但依然继续开发 Qt/Embedded(简称 QtE)库系统,本开发板 QtE 所移植的版本为 QtE-4.8.5。

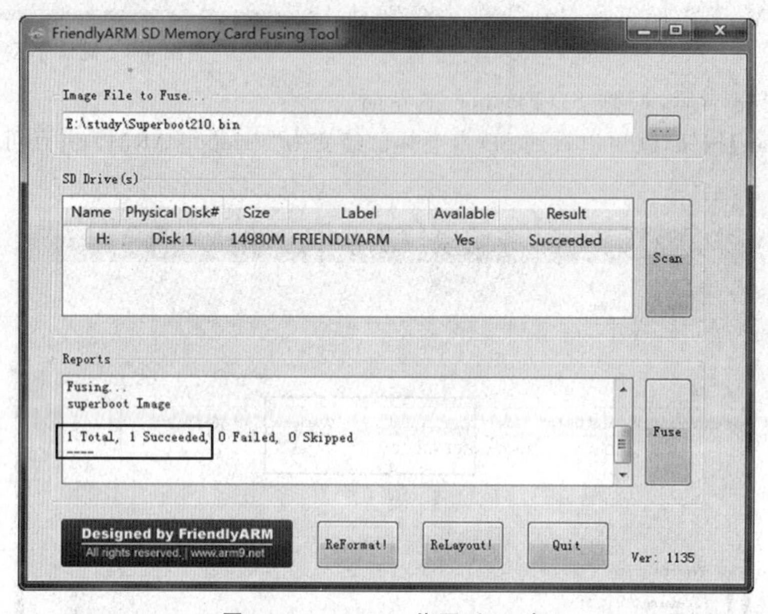

图 4-10 superboot 烧写到 SD 卡

安装嵌入式 Linux 的操作步骤如下所示。

(1)把 SD 卡插入电脑,双击打开 images\FriendlyARM.ini 文件,将 FriendlyARM.ini 的内容修改成如下内容。

```
#This line cannot be removed. by FriendlyARM(www.arm9.net)
CheckOneButton = No
Action = Install OS = Linux
LCD-Mode = No
LCD-Type = S70
LowFormat = Yes
VerifyNandWrite = No
CheckCRC32 = No
StatusType = Beeper | LED
#####################Linux#####################
Linux-BootLoader = Superboot210.bin
Linux-Kernel = Linux/zImage
Linux-CommandLine = root = /dev/mtdblock4 console = ttySAC0,115200 init = /Linuxrc Linux-RootFs-InstallImage = Linux/rootfs_qtopia_qt4.img
```

需要注意的是:如果在烧写系统时,开发板有连接 LCD,superboot 会自动识别 LCD 类型,不需要在 FriendlyARM.ini 文件中指定 LCD 参数;如果是不连接 LCD 烧写,则需要指定 LCD-Type 参数,支持的 LCD 类型有 H43、W50、A56、S70、A70、L80、G10。

(2)检查 SD 上是否至少存在如表 4-2 所示的文件，如果没有，从光盘中拷贝到 SD 卡(将光盘的 images 目录全部拷到 SD 卡的根目录即可)。

表 4-2　SD 卡上应存在的文件

文件名	说明
images\Superboot210. bin	bootloader，除了支持启动 Linux，也支持启动其他所有系统，也可以烧写到 SD 卡上运行。
images\Linux\zImage	Linux 内核，会自动识别 LCD 类型。
images\Linux\rootfs_qtopia_qt4. img	Linux 文件系统映像。
images\FriendlyARM. ini	系统烧写配置文件。

(3)取出 SD 卡插到开发板的 SD 插槽上，参照图 4-11 将 S2 开关切换至 SD 卡启动，然后上电开机，会听到“滴”的一声，系统开始烧写系统，屏幕上会显示进度条。

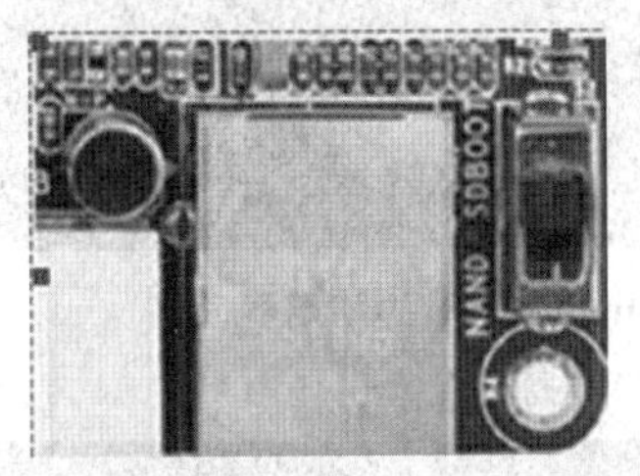

图 4-11　选择从 SD 卡启动

注：图片来源于广州友善之臂计算机科技有限公司《Tiny210 用户手册》。

(4)系统烧写完成后，会发出“滴滴”的声音，同时 LCD 显示状态为烧写完成。这时，参照图 4-12 把开发板 S2 开关设置为“Nand Flash”启动，然后重新开机，即可启动新的 Linux 系统。

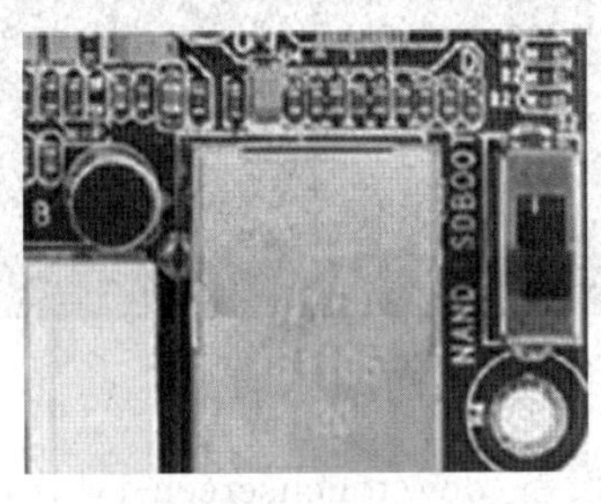

图 4-12　选择从 Nand Flash 启动

注：图片来源于广州友善之臂计算机科技有限公司《Tiny210 用户手册》。

(5)下面是开机时的界面，第一次开机会出现触摸屏校正画面，如图 4-13 所示。

4.1.4　触摸屏校正

说明：如果按照下面的步骤没有校正准确，可以先删除开发板触摸屏参数文件/etc/pointercal，再重启系统；或者重新安装整个系统；也可以进入系统后接上 USB 鼠标，在“设置”中打开“重校正”。

在两种情况下可以出现触摸屏校正界面。

(1)如果重新安装了 Linux 系统,重启系统时,首先出现触摸校正界面,依屏幕提示点击屏幕任何地方开始进行校正;然后依照屏幕提示,使用触摸屏逐步点击“十”字形交叉点即可,如果校正的不准确,将会进行循环校正,如图 4-14 所示。

图 4-13　嵌入式 Linux 启动时的初始界面

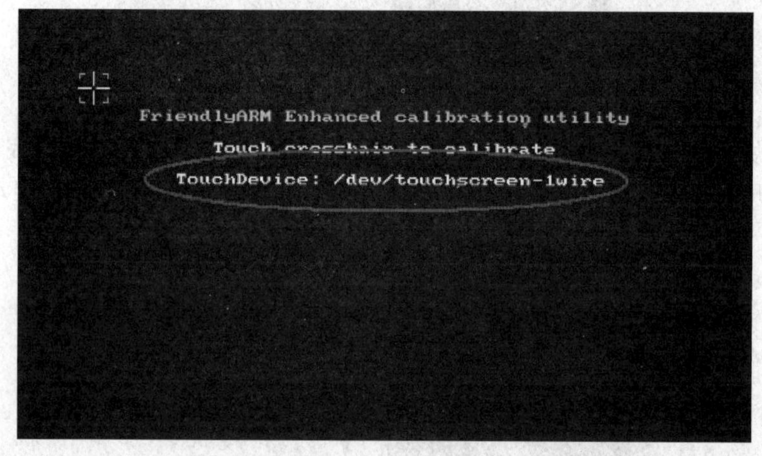

图 4-14　一线触摸设备

图中圈内文字表明当前使用了一线触摸设备/dev/touchscreen-1wire,如果为 ARM 本身自带的触摸屏接口,则会为/dev/touchscreen,如图 4-15 所示。

(2)进入系统后,点击“开始”,选择“设置”选项,切换到“设置”界面,如图 4-16 所示。再点击“重校正”图标也会出现校正界面。然后依照屏幕提示,使用触摸屏逐步点击“十”字形交叉点即可。

进入系统后,用户可以使用系统自带的应用程序,如播放视频、音频,图片浏览,网络设置,按键测试,A/D 转换,调节背光,LCD 测试,摄像头预览拍照,使用 USB 摄像头拍照,录音,3G 拨号,条码扫描,触摸笔测试等。

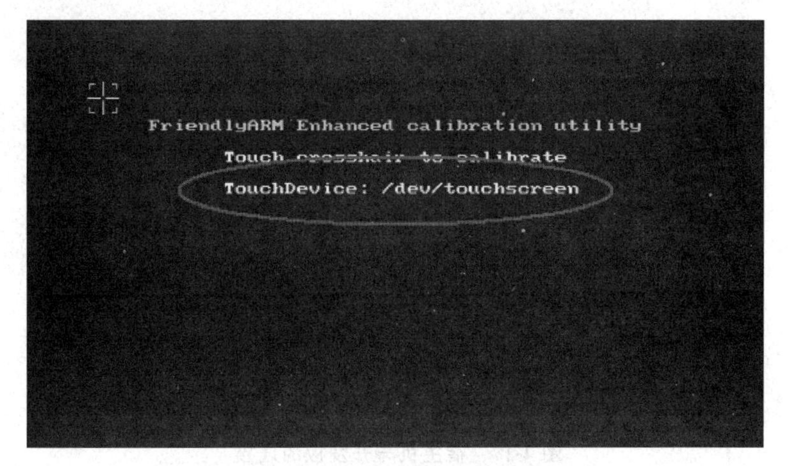

图 4-15　ARM 本身自带的触摸屏接口

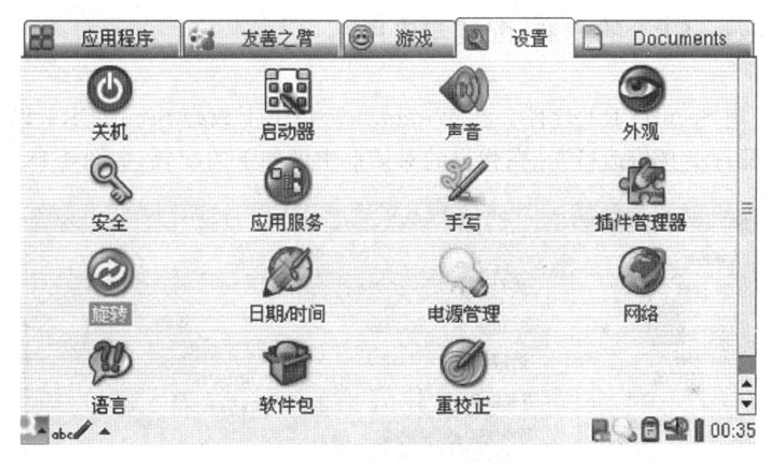

图 4-16　设置中进行触摸屏重校正

4.2　嵌入式开发环境搭建

【目的与要求】

- 掌握宿主机与开发板的串口线连接、网线连接的方法
- 学习 SecureCRT 软件的安装、设置与应用

4.2.1　宿主机与开发板的连接

宿主机和开发板可通过网络连接或串口连接，宿主机包含开发板所需的编译环境，程序可在宿主机上编译完成后，移植到开发板上执行，如图 4-17 所示。

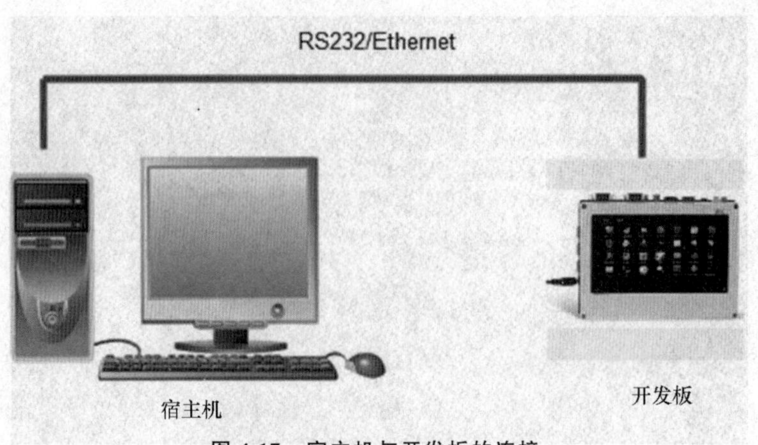

图 4-17 宿主机与开发板的连接

4.2.2 SecureCRT 的安装、配置与应用

(1)安装使用 SecureCRT 软件。在 Windows 环境下下载好 SecureCRT 以后,鼠标右击图标,选择"以管理员身份运行"。在弹出的对话框中做如下的配置,如图 4-18 所示。

图 4-18 SecureCRT 初始参数配置

(2)按下开发板下的复位键,进入嵌入式 Linux shell 命令提示行。

4.3 程序的移植与运行

【目的与要求】

- 掌握 C 程序交叉编译与移植的方法
- 掌握在 ARM 开发板中运行 C 程序的方法
- 掌握 Qt 应用程序交叉编译与移植的方法
- 掌握在 ARM 开发板中运行 Qt 程序的方法
- 掌握设置开机运行 Qt 应用程序的方法
- 掌握在 Qtopia 环境下 Qt 程序的设置

4.3.1 C 程序的移植与运行

(1)在宿主机中编写 C 程序。

```
sa@sa-virtual-machine:~$ cd   jsj
sa@sa-virtual-machine:~/jsj$   vim hello.c      //代码如下:
```

```
#include<stdio.h>
int main(){
      printf("hello world! \n");
      return0;
}
```

(2)使用交叉编译工具编译 hello.c,然后把得到的 hello_arm 复制到共享目录 share 下。

```
sa@sa-virtual-machine:~/jsj$ arm-Linux-gcc hello.c -o hello_arm
sa@sa-virtual-machine:~/jsj$ cp   hello_arm      /mnt/hgfs/share
```

(3)使用串口线连接开发板(COM0)与宿主机串口。
(4)在 Windows 系统下双击 SecureCRT 应用程序,进入嵌入式 Linux shell。
(5)使用 rz 命令下载文件到开发板。

```
# mdir jsj
# cd   jsj
# rz//设置好要发送的文件和使用的协议,在打开的窗口中选择 hello_arm
```

(6)运行 C 程序。

```
#   chmod +x hello_arm
#   ./hello_arm
    hello world!
```

4.3.2 Qt 应用程序的移植

(1)开发实现一个简单的 Qt 图形界面应用程序,如图 4-19 所示。

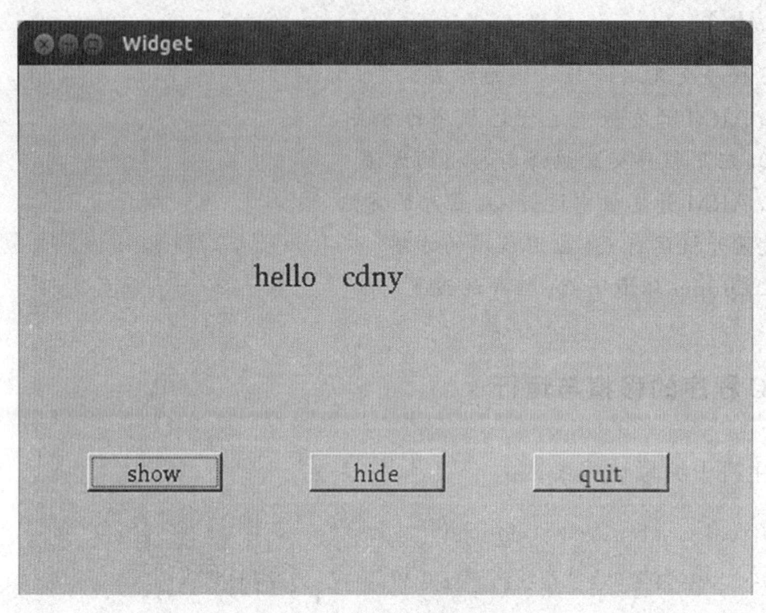

图 4-19 测试用的 Qt 图形界面程序

(2)交叉编译。选择基于 ARM 的 Qt 库,在 Qt Creator 中重新选择或创建构建目录,如图 4-20 所示,重新构建项目。

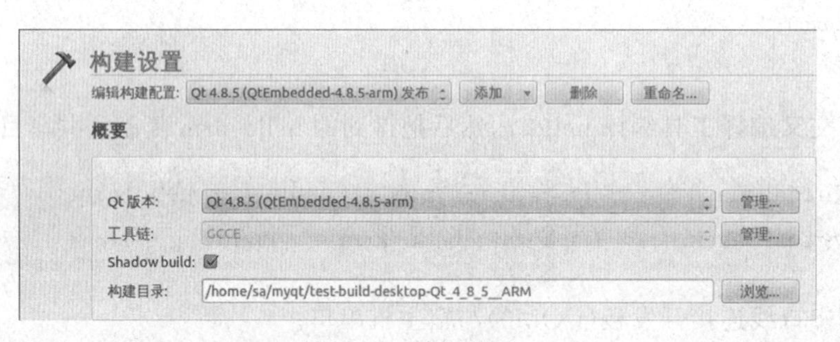

图 4-20 交叉编译

(3)使用串口线连接开发板(COM0)与宿主机串口。

(4)使用 SecureCRT,进入嵌入式 Linux shell。

(5)移植 Qt 程序。

```
# mdir jsj
# cd  jsj
# rz  //在打开的窗口中选择 mytest
```

(6)运行 Qt 程序

为 mytest 文件添加可执行属性。

\# chmod +x mytest

创建并修改 mytry 脚本文件,结果如图 4-21 所示。

\# cd/bin

\# cp qt4 mytry //利用示例创建脚本

\# vi mytry,如下图示://修改可执行文件名

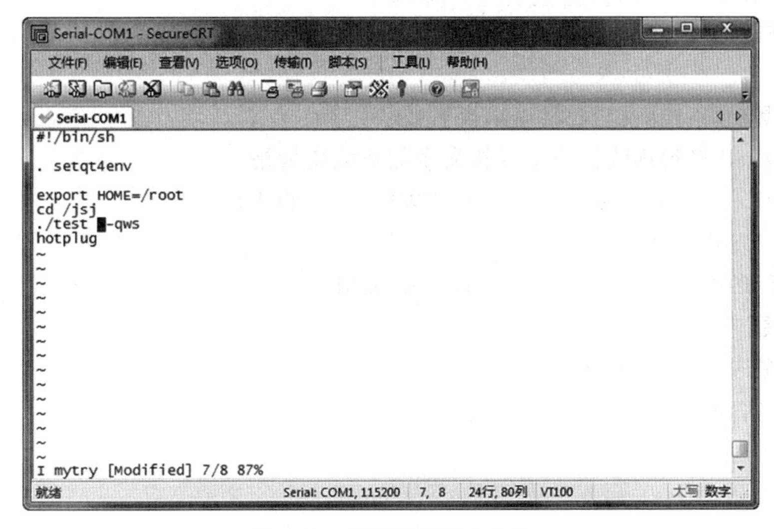

图 4-21 修改示例脚本文件

运行脚本文件。

\# ./mytry

(7)设置开机运行 Qt 应用程序,修改配置文件,如图 4-22 所示,把/bin/qtopia 修改为/bin/mytry,重新启动开发板。

\#vi /etc/init.d/rcS

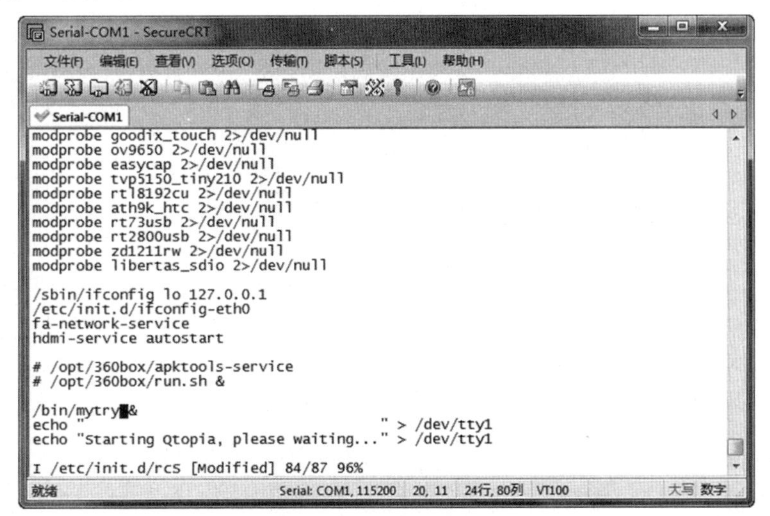

图 4-22 修改启动文件

【思考与练习】

一、填空题

1. Tiny210 是一款以__________芯片(三星 S3C6410)作为主处理器的嵌入式核心板,Tiny6410 采用高密度 6 层板设计,集成了__________ MB DDR RAM,__________ MB SLC NAND Flash 存储器,采用__________ V 供电。

2. 目标机和主机之间通常可以使用__________、__________、__________、__________等连接方式。

二、选择题

1. 决定 shell 将到哪些目录中寻找命令的环境变量是(　　)

A. HOME　　B. PATH　　C. PWD　　D. DIR

2. Intel 80386 属于(　　)

A. ARM 架构　　B. X86 架构

三、简答题

1. 什么是嵌入式 Linux?

2. 什么是管道?

Chapter 5

第5章 嵌入式Qt与物联网应用程序开发

5.1 ZigBee组网

【目的与要求】

- 掌握 ZigBee 网络的特点
- 掌握 ZigBee 设备的类型
- 掌握 ZigBee 组网的方法
- 理解 ZigBee 网络的拓扑结构
- 掌握 FANTAI zigbee 传感器透明传输综合应用程序的使用方法
- 掌握传感器透明传输数据帧格式
- 掌握协调器与上位机通信的方法

5.1.1 ZigBee 基础知识

ZigBee 是基于 IEEE 802.15.4 标准的低功耗局域网协议。根据国际标准规定，ZigBee 技术是一种短距离、低功耗的无线通信技术。这一名称（又称紫蜂协议）来源于蜜蜂的八字舞：蜜蜂（bee）是靠飞翔和“嗡嗡”（zig）地抖动翅膀的“舞蹈”来与同伴传递花粉所在方位信息，也就是说蜜蜂依靠这样的方式构成了群体中的通信网络。其特点是近距离、低复杂度、自组织、低功耗、低数据速率，主要适合用于自动控制和远程控制领域，可以嵌入各种设备。简而言之，ZigBee 就是一种便宜的、低功耗的、近距离的无线组网通信技术。ZigBee 是一种低速短距离传输的无线网络协议。ZigBee 协议从下到上分别为物理层（PHY）、媒体访问控制层（MAC）、传输层（TL）、网络层（NWK）、应用层（APL）等。其中物理层和媒体访问控制层遵循 IEEE802.15.4 标准的规定。

5.1.2 z-stack 数据采集传输

采集类传感器（温湿度传感器、光照强度传感器、加速度传感器、压力传感器等）与 ZigBee 协调器组网后，将采集信息通过无线链路传输给协调器。协调器通过串口将传感器采样信息交给上位机（PC 或者网关应用软件）。本实验上位机采用 PC，搭建一个类似图 5-1 所示的拓扑结构的无线传感器网络。传感器节点板 A、B、C 可以选择实验箱中配套的任意的采集类传感器节点。

5.1.2.1 实验环境

1. 硬件设备

(1)ZigBee 协调器 1 个。

(2)ZigBee 节点板 1 个以上：温湿度传感器、光线传感器、火焰传感器、光敏传感器、可燃气体传感器等节点任选，如图 5-2 所示。

(3)PC 机 1 台，RS232 交叉串口线一条，CC2530 DEBUGGER 仿真器 1 个。

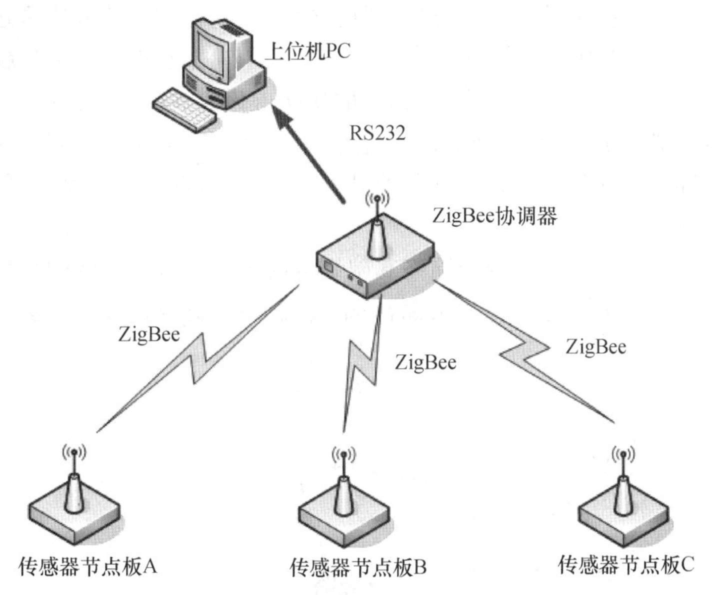

图 5-1　无线传感器网络拓扑结构

注：图片来源于无锡泛太科技有限公司《ZigBee 无线传感器网络透明传输实验指导书》。

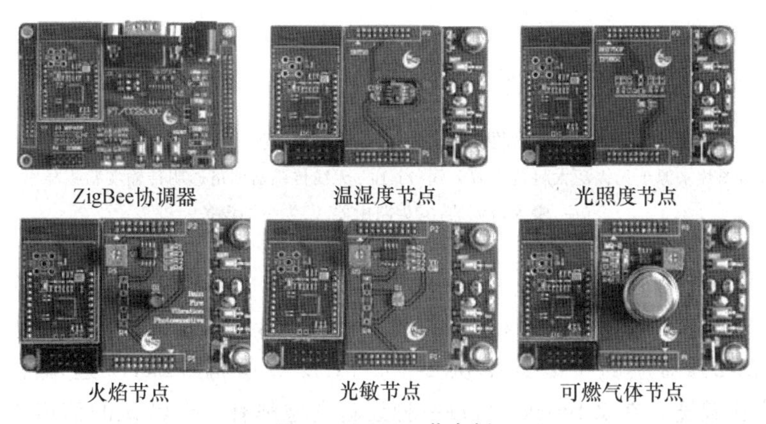

图 5-2　Zigbee 节点板

注：图片来源于无锡泛太科技有限公司《ZigBee 无线传感器网络透明传输实验指导书》。

(4)5 V 直流电源。

2. 软件环境

(1)操作系统：Windows XP 以上。

(2)ZigBee 开发环境：IAR Workbench for MCS51 V7.51/V7.60。

(3)串口调试工具。

(4)软件开发语言：C 语言。

5.1.2.2　实验原理

1. ZigBee 逻辑设备类型

ZigBee 网络中存在 3 种逻辑设备类型：协调器(Coordinator)、路由器(Router)、终端设备(EndDevice)，如图 5-3 所示。

(1)协调器:是整个网络的核心,它最主要的作用是启动网络,其方法是选择一个相对空闲的信道以及一个 PAN_ID,然后启动网络。它会协助建立网络中的安全层以及处理应用层的绑定。当整个网络启动和配置完成后,它的功能退化为一个普通路由器。

(2)路由器:一般情况下,路由器应该一直处于活动状态,不应该休眠。它主要提供接力作用,能扩展信号的传输范围,并且允许其他设备加入网络,具有多条路由,能协助它的电池供电子终端设备通信。

(3)终端设备:终端设备没有维护网络基础结构的职责,它可以选择睡眠或唤醒。因此,它可以作为一个电池供电节点。一般来说,一个终端设备的存储需求(特别是 RAM)是比较少的。

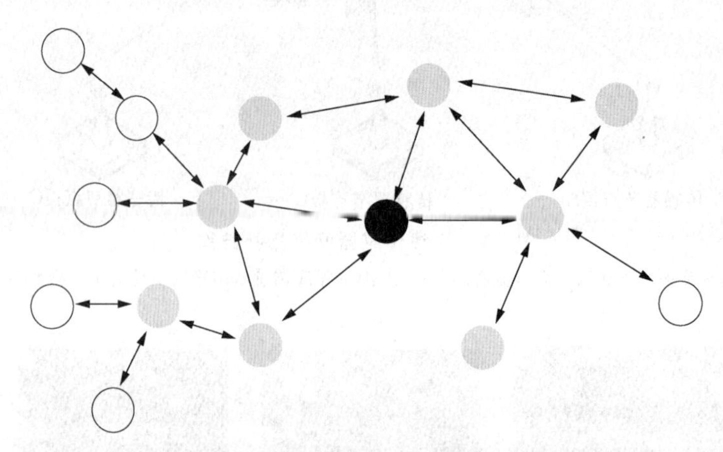

图 5-3 ZigBee 节点类型

注:图片来源于无锡泛太科技有限公司《ZigBee 无线传感器网络透明传输实验指导书》。

注:●为协调器,●为路由器,○为终端设备。

2. ZigBee 信道

ZigBee 网络所使用的 2.4 GHz 射频段被划分为 16 个独立的信道。这 16 个独立的信道编号从 11 到 26,对应的中心频率从 2 405 MHz 按照每 5 MHz 递增至 2 480 MHz。ZigBee 的带宽比较宽。在 Z-Stack 中,每一种设备类型都有一个默认的信道集 DEFAULT_CHANLIST 在"f8wConfig. cfg"文件中定义,该文件主要包含 ZigBee 网络的一些配置参数。

信道的类型主要有以下两种。

(1)专用信道:ZigBee 使用 15、20、25、26 这 4 个信道,用于信标帧的广播,避免被较大功率的 IEEE802. 11b 系统干扰,这 4 个信道与 IEEE802. 11b 工作信道不重合。

(2)一般信道:专用信道外的信道。

ZigBee 信道与 wifi 信道的比较如图 5-4 所示。

3. 个域网络标识符 PANID

个域网标识符 PAN_ID 用于区分不同的 ZigBee 网络。该值在 f8wConfig. cfg 文件中定义。使用时,有以下几种情况需要注意。

(1)如果协调器的 ZDAPP_CONFIG_PAN_ID 值设置为 0xFFFF,则协调器将产生一个随机的 PAN_ID。如果路由器或终端节点的 ZDAPP_CONFIG_PAN_ID 值也设置为 0xFFFF,那么路由器或终端节点将会在自己的默认信道上随机选择一个干扰较少、较纯净的网络加入，网络协调器的 PAN_ID 即为自己的 PAN_ID。这种情况会导致当前使用的传感器节点可能会添加到其他协调器组建的网络中。

(2)如果协调器的 ZDAPP_CONFIG_PAN_ID 值设置为非 0xFFFF 值，则协调器建立的网络标识符就是 ZDAPP_CONFIG_PAN_ID 的值。如果路由器或终端节点的 ZDAPP_CONFIG_PAN_ID 值也设置为与协调器的 PAN_ID 值相同，那么就会自动加入 PAN_ID 相同的协调器网络中，而不论当前信道是否存在干扰。

(3)如果在默认信道上已经有该 PAN_ID 值的网络存在，则协调器不会在邻近的空间内建立一个有相同 PAN_ID 的无线网络，它会在设置的 PAN_ID 值的基础上加 1，继续搜索新 PAN_ID，直到找到不冲突的网络为止。

这样，就有可能产生一些问题：如果协调器因为在默认信道上发生 PAN_ID 冲突而更换 PAN_ID(例如，路由器处于上电状态，而协调器掉电后重新上电，那么协调器新建网络的 PAN_ID 就会自动加 1)，而终端节点并不知道协调器已经更换了 PAN_ID，还是继续加入 PAN_ID 为 ZDAPP_CONFIG_PAN_ID 值的网络中，那么就会造成终端节点没有添加到用户需要的网络中。若想恢复节点自动添加到本地的协调器中，只需保证协调器、路由器、终端节点都掉电，确保协调器先上电，其他节点再上电，或者 3 种设备同时重启。

鉴于此，实验箱出厂时，传感器节点均烧写为终端设备类型，控制器节点烧写成终端设备类型或者路由器类型均可。

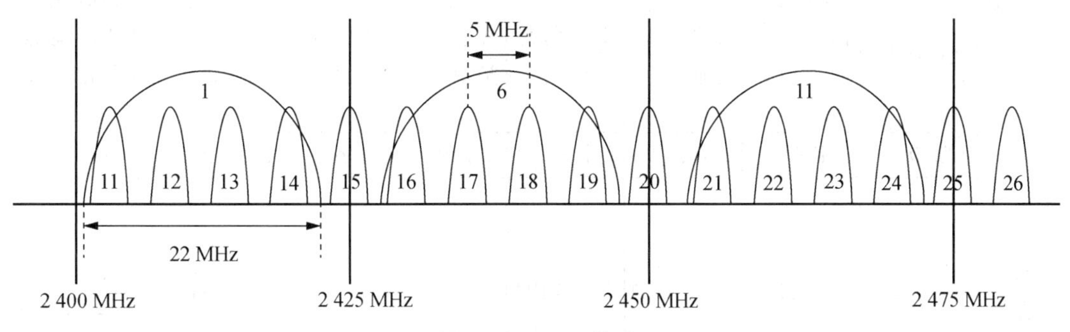

图 5-4　ZigBee 信道

4. 地址

每个 ZigBee 设备都有一个 64 位 IEEE 长地址，即 MAC 地址。跟网卡 MAC 一样，它是全球唯一的，但在实际网络中，为了方便，通常用 16 位的短地址来标识自身和识别对方，也称为网络地址。对于协调器来说，短地址为 0x0000。对于路由器和终端来说，短地址是由它们所在网络中的协调器分配的。地址的数据结构如下所示。

(1)shortAddr：短地址。

(2)extAddr：长地址。

(3)addrMode：单播，组播或广播。其中：

AddrNotPresent＝0　按照绑定方式传输。

AddrGroup＝1　组播。

Addr16Bit＝2　指定目标网络地址进行单播传输。

Addr64Bit＝3　指定 IEEE 地址单播传输。

AddrBroadcast＝15　广播传输。

(4)endPoint:通信端口。

(5)PAN_ID:网络 ID 号。

5. 传感器上传至协调器的格式

PC 上位机通过串口向协调器发送命令,可以查询当前协调器组建的网络信道、PAN_ID,如表 5-1 所示。

传感器终端节点上传到协调器时,符合如表 5-2 所示的数据帧格式。

表 5-1 特殊设置命令

获得信道和 PAN_ID 命令	CCH BBH BBH DDH
获得信道和 PAN_ID 命令应答	CCH 1AH BBH 01H 02 DDH 1AH:信道 01H 02H:PAN_ID

表 5-2 数据帧格式

格式	标志	长度	父节点地址	本节点地址	类型	数据	校验和	IEEE 地址
传感器上传至协调器的数据格式	FDH	03H	00H 00H	05H 09H	45H	…H	98H	01H 02H 03H 04H 05H 06H 07H 08H
	数据标志	类型+数据+校验和+IEEE 地址	父节点短地址	本身的短地址	传感器类型	传感器数据	(类型+数据)/256	ZigBee 的 IEEE 地址(永远在最后 8 位)
	1 字节	1 字节	2 字节	2 字节	1 字节	N 字节	1 字节	8 字节
温湿度节点上报给协调器的数据格式	FDH	0EH	00H 00H	C7H FBH	45H	43 4B 11 30	14H	33 D2 6F 02 00 4B 12 00

6. 组网方法

(1)若协调器、路由器、终端设备具有相同的通信信道和网络标识符 PAN_ID(如信道均为 18 号信道,网络 ID 均为 0x1212),保持协调器先上电,确保 ZigBee 网络建立完成。此时路由器、终端设备再上电,那么这些设备会自动添加到已经建立成功的 ZigBee 网络中。路由器、终端节点上的 D1 灯闪烁 3 次后,D2 灯紧接着闪烁 1 次,同时协调器上的 D5 灯也闪烁 1 次,说明路由器、终端节点成功添加到网络中。

(2)若协调器、路由器、终端设备具有相同的通信信道,但网络标识符 PAN_ID 均设置为 0XFFFF,那么保持协调器先上电,建立一个随机生成的 PAN_ID 的网络。此时路由器、终端设备再上电,除了设备会自动添加到该网络中外,也可以手动添加。添加方法有 2 种:①按住 SW2,复位或上电,节点自动添加。②连续按 SW2 3 次以上,末次按下时保持 3~6 s(期间指示灯 D1、D2 全亮),然后松开,等待 3~5 s 会看到 D1 灯闪烁 3 次,紧接着 D2 灯闪烁 1 次,说明路由器、终端设备在重新找网络,成功加入网络中。

（3）要注意，信道不同，路由器和终端设备是不能加入协调器建立的网络中的。

（4）判断添加入网方式的方法是：连续按 SW2 5 次，如果灯闪烁 5 次，说明是第 1 种方式添加；如果灯只闪烁 3 次，说明是第 2 种方式添加。

5.1.3 组建 ZigBee 网络

1. 总体步骤

（1）在 PC 机上安装 IAR 开发环境，SmartRF FLASH Programmer 烧写工具。

（2）用交叉串口线连接协调器与 PC 机板载串口。如果 PC 机没有可用的板载串口，可以使用 USB 转 RS232 串口线连接（根据提示安装驱动）。

（3）协调器外接 5 V 直流电源。

（4）将协调器通过 CC2530 DEBUGGER 连接到 PC 机的 USB 接口，根据提示安装 CC DEBUGGER 的驱动程序。

（5）编译协调器 HEX 文件，打开 SmartRF Flash，将协调器的 hex 文件烧入对应的 CC2530 flash 中，详见下文所述。

（6）将 3 个传感器节点（温湿度、光线、火焰等）接入 5 V 直流电源，依次编译传感器节点。连接 CC DEBUGGER 仿真器，将 hex 文件分别烧入对应的节点中，详见下文所述。

（7）节点板烧写完成后，若 D1 指示灯闪烁 3 次，紧接着 D2 指示灯闪烁 1 次，同时协调器上的 D5 指示灯闪烁 1 次，说明该节点板成功加入协调器建立的网络中。

（8）最后，星形网络拓扑结构建立完成。

2. 建立 ZigBee 协调器

协调器是整个网络的核心，它最主要的作用是启动网络，其方法是选择一个相对空闲的信道以及一个 PAN_ID，然后启动网络。它会协助建立网络中的安全层以及处理应用层的绑定。当整个网络启动和配置完成后，它的功能退化为一个普通路由器。

（1）打开工程“ZStack 传感器透明传输源程序”目录，打开工程项目文件\Projects\GenericApp\CC2530DB\GenericApp. eww。

（2）将生成目标切换到 CoordiantorEB，如图 5-5 所示。

（3）选中名称为“GenericApp-CoordinatorEB”的工程项目，右击鼠标，在弹出的菜单中，选择“Options…”选项，如图 5-6 所示。

（4）在弹出的 Options for node“GenericApp”对话框中，如图 5-7 所示，选择“Category”框中的“C/C＋＋ Compiler”，在右侧的选项卡中选择“Preprocessor”。这里着重介绍“Defined symbols”对话框中各个预定义的宏含义，如图 5-8 所示。

①箭头 1：选择信道。CHANLIST_C_R_E＝18，信道范围 11～26。同一网络内必须信道选择相同，不同信道互不干扰。

②箭头 2：PAN_ID 设置。默认 ZDAPP_CONFIG_PAN_ID＝0xFFFF。但当协调器 PAN_ID 设置为 0xFFFF 时，协调器将随机分配一个非 0xFFFF 的 PAN_ID，并保持不变。此时路由器或终端节点会根据网络状况选择加入协调器网络中，有可能出现加入其他协调器组建的网络中的情况。为了确保当前路由器、终端节点能够添加到当前协调器的网络中，可以将 PAN_ID 设定为一个确定的值，如此处的 0x1212。若路由器保持上电，而协调器因

故重新上电，那么协调器需要组建一个设定的 PAN_ID 网络，而此时路由器维持原来的网络，因此协调器不能再组建一个相同 PAN_ID 的网络，它会在原设定的 ID 基础上自动加 1，查看是否有冲突，若无，就会建立新的网络。但这会导致其他节点无法添加到协调器网络中，除非路由器、协调器重新上电即可恢复。

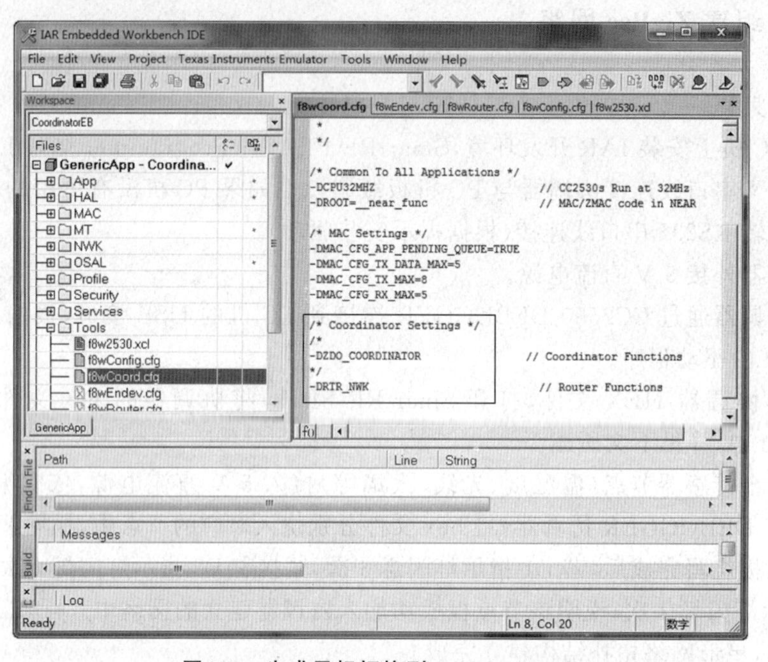

图 5-5　生成目标切换到 CoordiantorEB

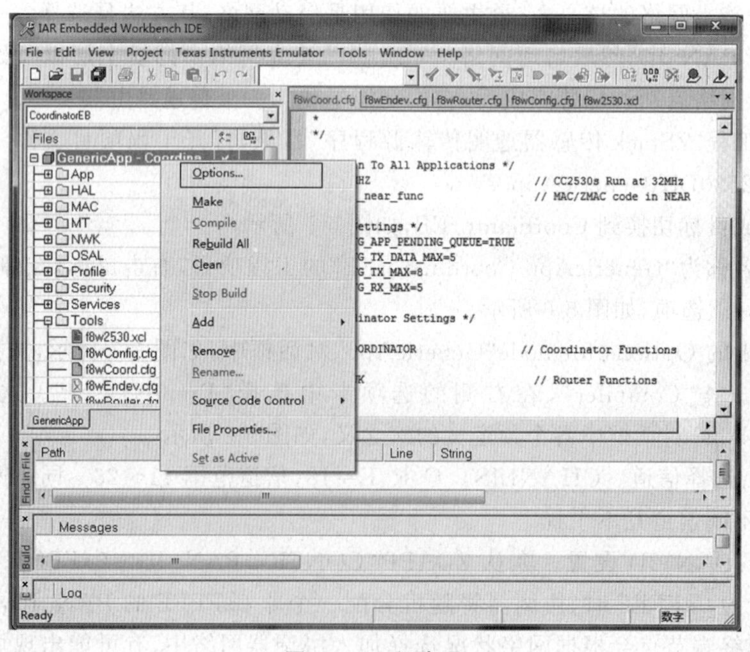

图 5-6　工程选项

③箭头 3。

ZigBee_C_R_E_Engineering：广播模式。

xZigBee_C_R_E_Engineering：点对点模式。

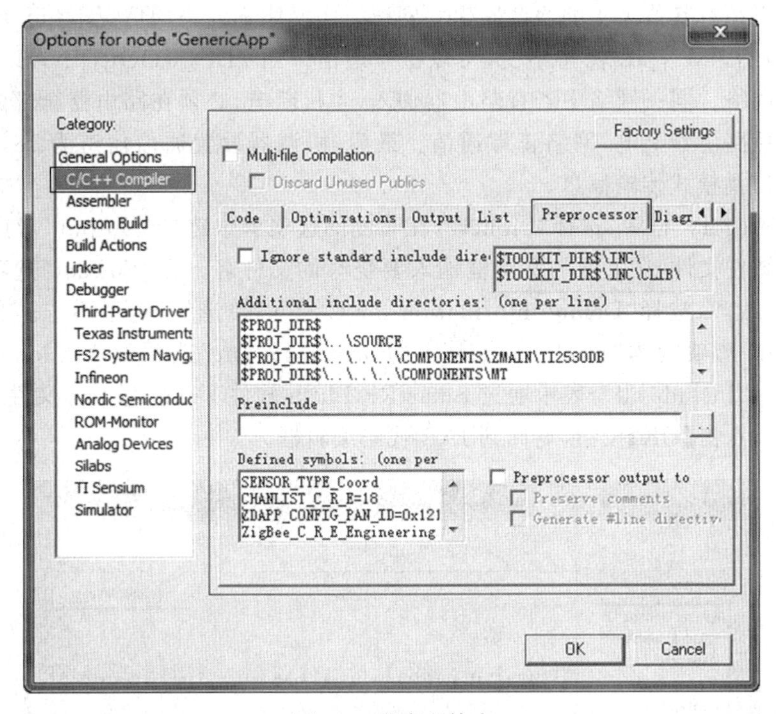

图 5-7　预定义的宏

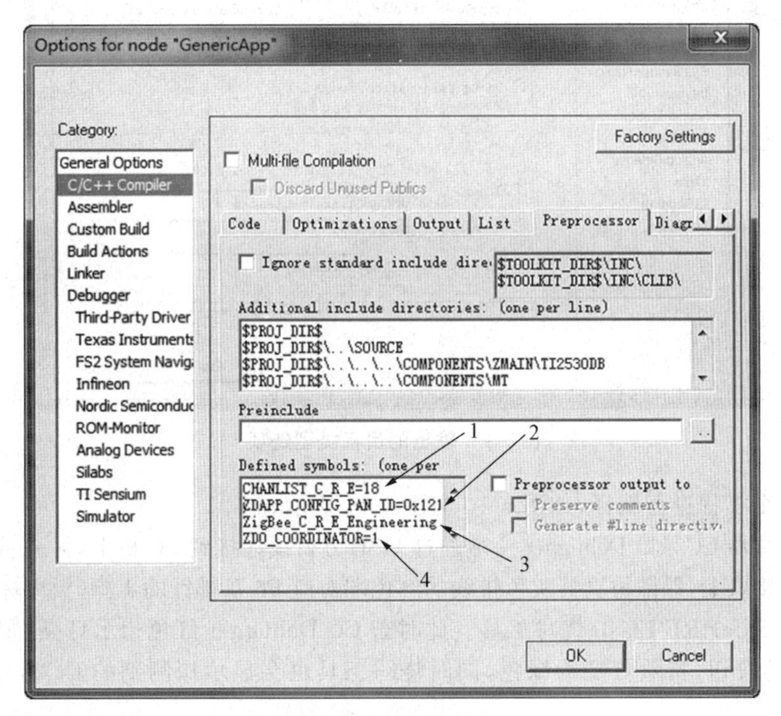

图 5-8　预定义的宏含义

保证协调器与终端节点之间采用统一的传播模式，要么均为广播，要么均为点对点模式。

④箭头 4：ZDO_COORDINATOR 的值是为 1 时是主机协调器，为 0 时是主机路由。当其值为 0 时，必须有其值为 1 的协调器建立网络。当网络不消失的情况下（至少有一个路由存在），主机重启，PAN_ID 保持不变，可以正常通信。当 ZDO_COORDINATOR 的值为 1 时，可以建立网络。同一网络中若有路由器加入，主机断电，必须在路由器全部断电后，主机才能上电，然后路由器上电，网络正常通信。最后，协调器设置通信信道为 18，PAN_ID 为 0x1212，采用广播模式传输信息。

（5）在“Category”框中，选择“Linker”，在右侧的选项卡中选择“Output”，勾选“Override default”覆盖缺省文件，在下面的文本框输入要烧写的文件名。在“Format”选项中，如果需要在线调试下载，需选择“Debug information for C-SPY”单选钮，这里不选。在“Other”选项中，“Output”选项设为“intel-extended”；“Format variant”选项设为“None”；“Module-local”选项设为“Include all”，表示通过 SmartRF Flash 软件下载烧写 hex 文件，如图 5-9 所示。设置完后，点击【OK】按钮，返回到 IAR 代码编辑框。

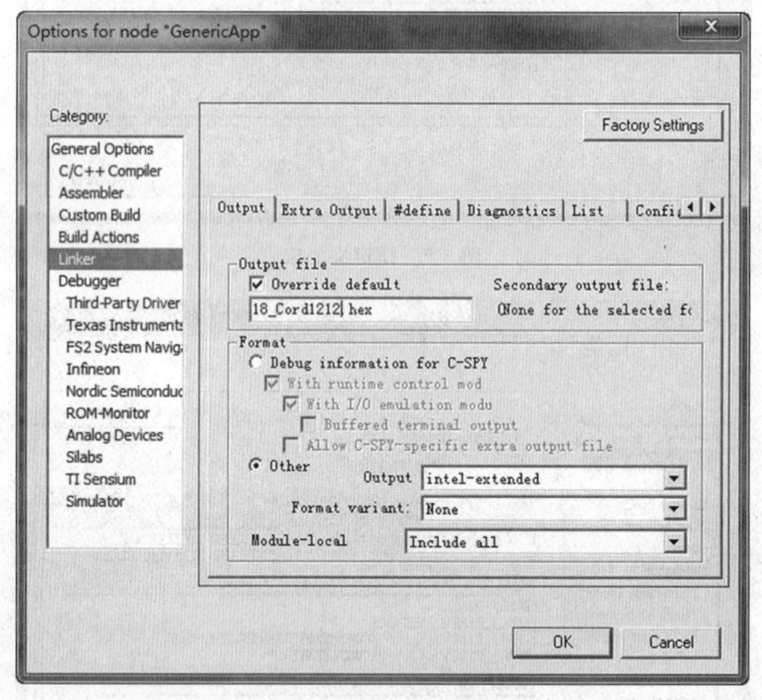

图 5-9　输出的目标类型选项

（6）对整个工程进行编译，如图 5-10 与图 5-11 所示。

（7）将仿真器 CC2530 Debugger 一端通过 USB 方口线连接到 PC 机上，另一端连接到协调器板上的 P6 接口上，保证仿真器灰色排线的红色端对应 P6 双排针的 1 脚（板上标注△）。

（8）打开 SmartRF Flash 烧写工具。此时若 CC Debugger 红色指示灯亮，则按下灰色排线插头旁边的按钮，指示灯变为绿色，同时烧写工具也会显示探测到的 CC2530 的信息，如图 5-12 所示。

（9）选择要烧写的 HEX 文件，位于“ZStack 传感器透明传输源程序\Projects\

GenericApp\CC2530DB\Coordinator\Exe 目录下，点击【Perfom actions】按钮开始烧写。烧写完成后，协调器开始执行程序，建立 ZigBee 网络。

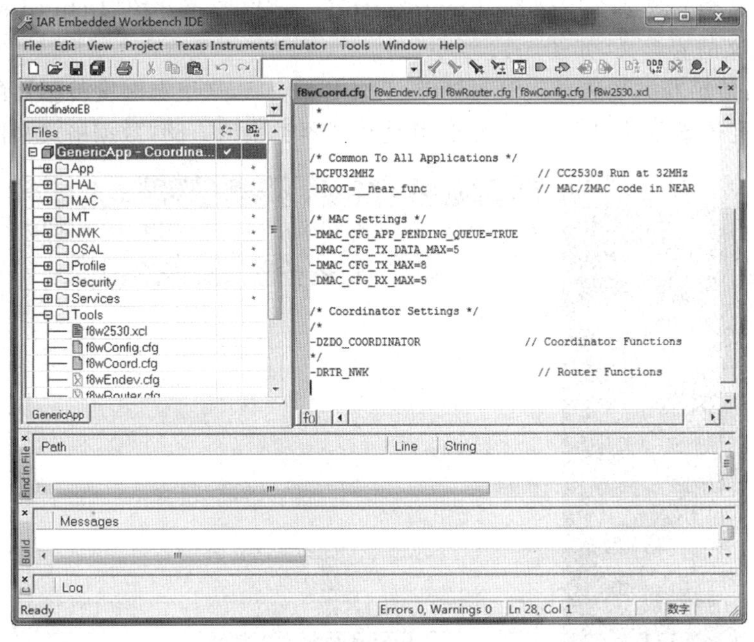

图 5-10 需要重新编译的界面

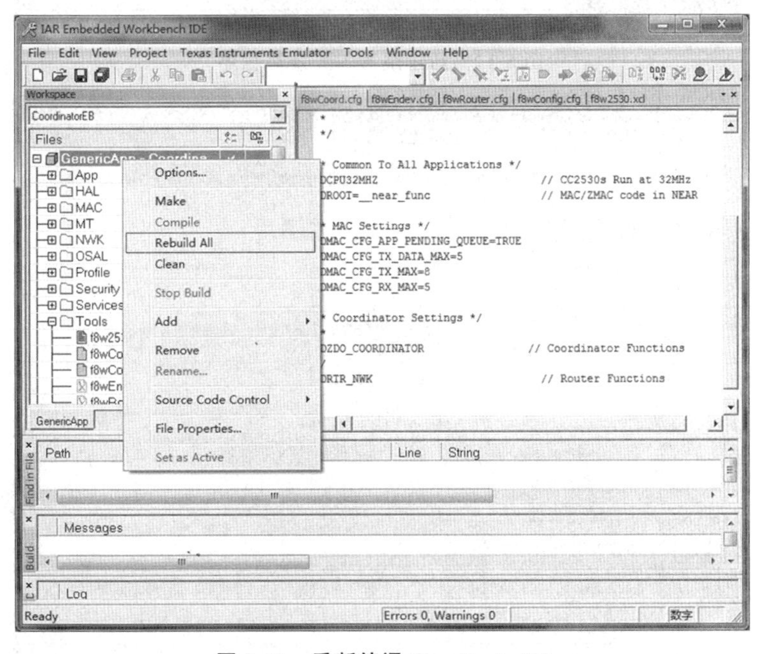

图 5-11 重新编译 CoordinatorEB

3. 建立 ZigBee 传感器路由节点

传感器路由节点除了承担数据采集的功能外，还要担任扩展路由的任务。这里以温湿度节点为例，其他传感器节点类似。

(1)将生成目标切换到 RouterEB，选中工程“GenericApp-RouterEB”，单击右键，在弹出的菜单中,选择“Options…”选项,如图 5-13 所示。

(2)在弹出的 Options for node“GenericApp”对话框的“Category”框中,选择“C/C++ Compiler”,在右侧的选项卡中选择“Preprocessor”。这里着重介绍“Defined symbols”对话框中各个预定义的宏含义,如图 5-14 所示。

①箭头 1:传感器类型选择。SENSOR_TYPE=0x45,这里温湿度传感器的类型定义的是 0x45,光照度传感器类型定义为 0x21,其他传感器类型请查阅“数据格式文件”。

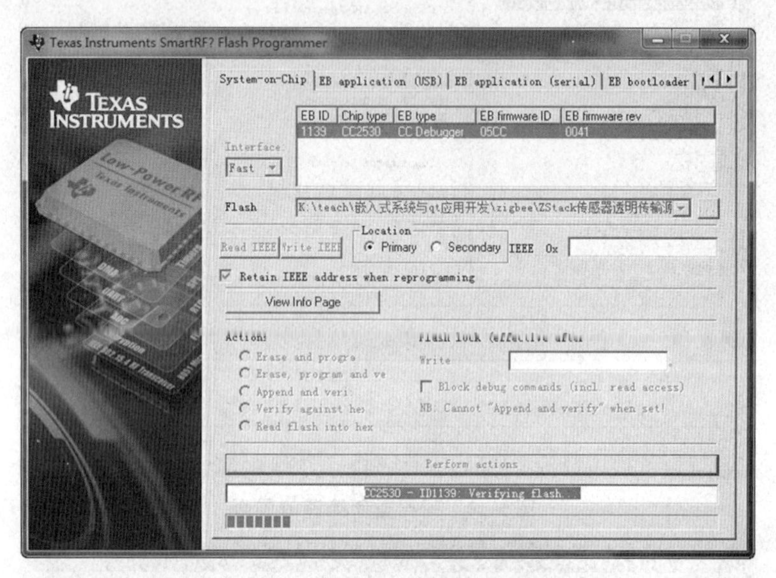

图 5-12　通过烧写工具烧写程序

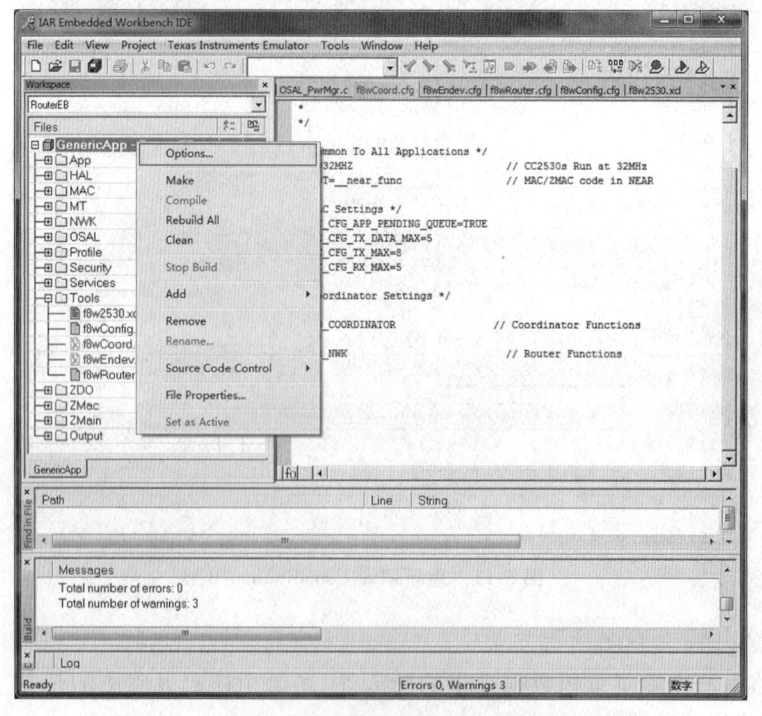

图 5-13　生成目标切换到 RouterEB

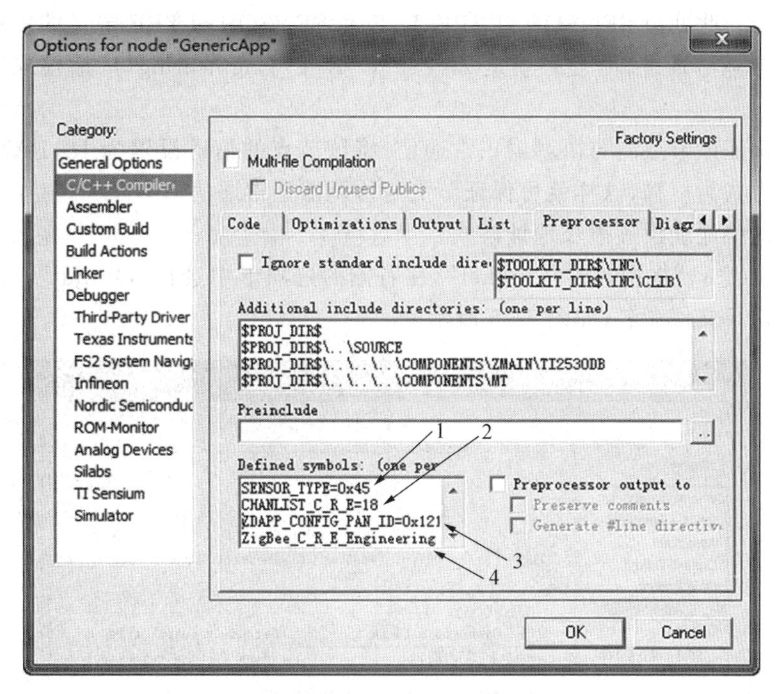

ZDAPP_CONFIG_PAN_ID=0x121
ZigBee_C_R_E_Engineering
ZigBee_C_R_E_IEEE
xSENSOR_TYPE_R_E=0X01
5
6

图 5-14 Defined symbols

②箭头 2:选择信道。CHANLIST_C_R_E=18,信道范围为 11～26。同一网络内必须信道选择相同,不同信道互不干扰。

③箭头 3:PAN_ID 设置。ZDAPP_CONFIG_PAN_ID=0x1212。当 PAN_ID 值设置为 0xFFFF 时,路由器和终端节点可以加入同一信道的网络,PAN_ID 值和网络协调器相同,并保持不变;当 PAN_ID 设定为其他值时,路由器 PAN_ID 采用当前值,并只能加入同一信道同一 PAN_ID 值的网络。

④箭头 4。

ZigBee_C_R_E_Engineering:广播模式。

xZigBee_C_R_E_Engineering:点对点模式。

⑤箭头 5:IEEE 地址选择。

ZigBee_C_R_E_IEEE:数据帧格式末尾添加 8 个字节的 IEEE 地址,此时为长地址模式。

xZigBee_C_R_E_IEEE:数据帧格式末尾不再添加 8 个字节的 IEEE 地址,此时为短地址模式。

⑥箭头 6:传感器短地址字段设置。

SENSOR_TYPE_R_E=0X01:宏定义前无 x 时,节点短地址的高 8 位默认为 0x01,低 8 位为 SENSOR_TYPE 宏定义的值。

xSENSOR_TYPE_R_E=0X01:宏定义前加 x 后,传感器节点的短地址由父节点自动分配。

要注意的是，此处由 SENSOR_TYPE_R_E 和 SENSOR_TYPE 定义的短地址，非真实的短地址，而是标号地址，而且必须是 ZigBee_C_R_E_Engineering（广播模式）下才可正常通信。

最后，为保证该节点能与协调器正常通信，将该节点的信道设置为 18，PAN_ID 设置为 0x1212，通信方式为广播，这样就可保证节点与协调器正常通信。

注意：建议将地址设置为长地址模式。

(3)在"Category"框中，选择"Linker"，在右侧的选项卡中选择"Output"，选择下载烧写方式，并为可执行文件命名，如图 5-15 所示。

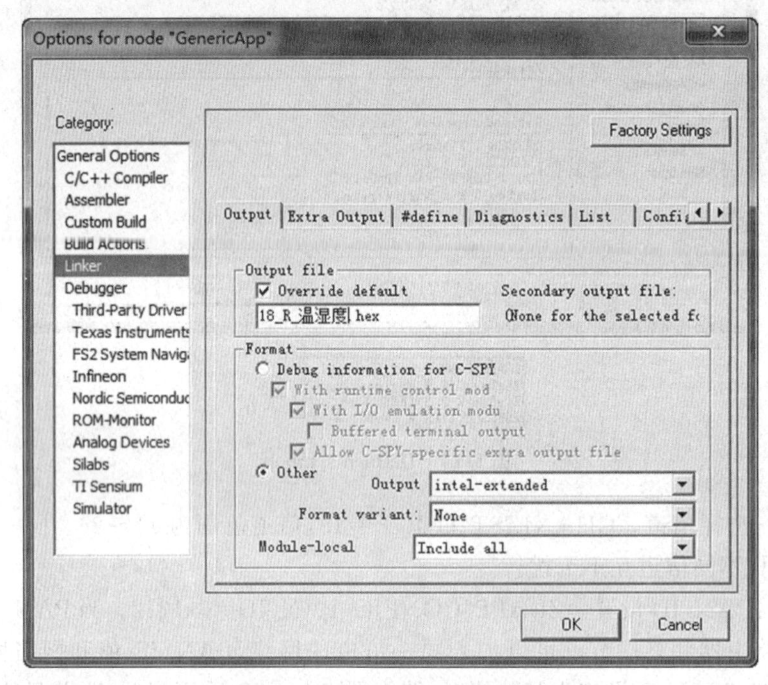

图 5-15　Linker 的 Output 选项

(4)重新编译工程，生成针对类型为"0x45"温湿度节点的 hex 文件，如图 5-16 所示。

(5)连接仿真器与温湿度节点，将 CC2530 Debugger 灰色排线端插入温湿度节点的 10 芯防插反烧写座上。

(6)按照烧写协调器的方法，选择要烧写的 HEX 文件：18-R-温湿度节点.hex。该文件位于 ZStack 传感器透明传输源程序\Projects\GenericApp\CC2530DB\RouterEB\Exe 目录下，点击【Perfom actions】按钮开始执行烧写终端节点。

(7)烧写完成后，节点开始执行接入网程序，自动添加到匹配的网络中。

(8)按照同样的方法，配置、编译、烧写其他采样节点，最后组成实验内容中展现的星形网络拓扑结构。

4. 建立 ZigBee 传感器终端节点

以温湿度节点为例，其他传感器节点类似。

终端设备没有维护网络基础结构的职责，它可以选择睡眠或唤醒。因此，它可以作为一个电池供电节点。一般来说，一个终端设备的存储需求(特别是 RAM)是比较少的。

(1)将生成目标切换到 EndDeviceEB,选中工程“GenericApp-EndDeviceEB”,点击右键,在弹出的菜单中,选择“Options…”选项,如图 5-17 所示。

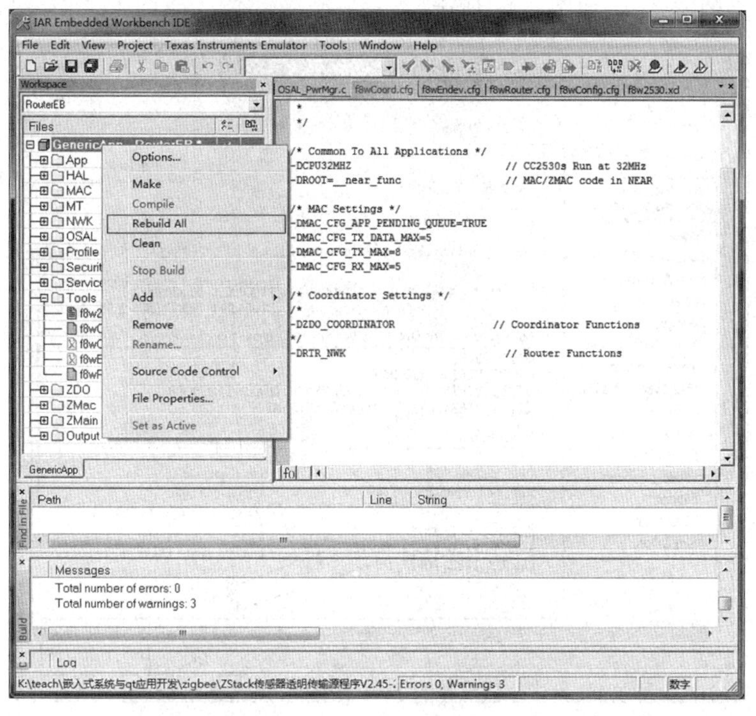

图 5-16　重新编译 RouterEB

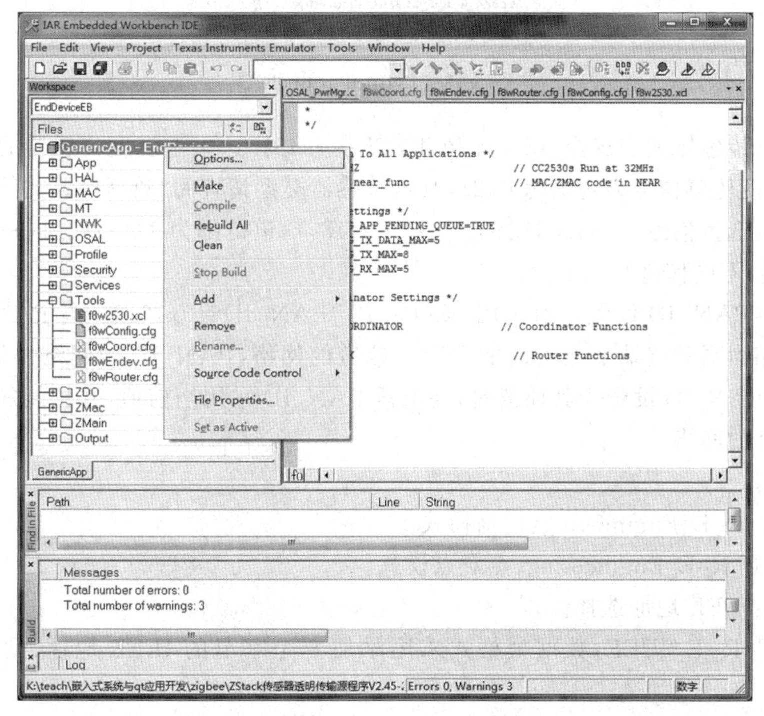

图 5-17　生成目标切换到 EndDeviceEB

(2)在弹出的 Options for node“GenericApp”对话框的“Category”框中，选择“C/C++ Compiler”，在右侧的选项卡中选择“Preprocessor”。这里着重介绍“Defined symbols”对话框中各个预定义的宏含义，如图 5-18 所示。

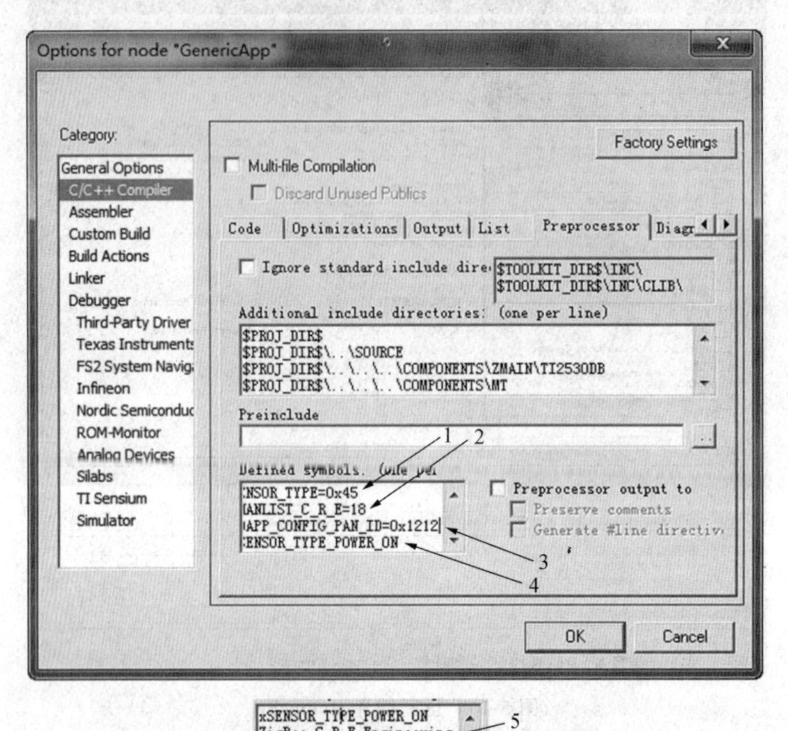

图 5-18　Defined symbols

①箭头 1：传感器类型选择 SENSOR_TYPE=0x45。这里温湿度传感器的类型定义的是 0x45，光照度传感器类型定义为 0x21，其他传感器类型请查阅“数据格式文件”。

②箭头 2：选择信道。CHANLIST_C_R_E=18，信道范围为 11～26。同一网络内必须信道选择相同，不同信道互不干扰。

③箭头 3：PAN_ID 设置。ZDAPP_CONFIG_PAN_ID=0x1212。当 PAN_ID 设置为 0xFFFF 时，路由器和终端节点可以加入同一信道的网络，PAN_ID 和网络协调器相同，并保持不变；当 PAN_ID 设定为其他值时，路由器 PAN_ID 采用当前值，并只能加入同一信道同一 PAN_ID 的网络。

④箭头 4。

ZigBee_C_R_E_Engineering：广播模式。

xZigBee_C_R_E_Engineering：点对点模式。

⑤箭头 5：IEEE 地址选择。

ZigBee_C_R_E_IEEE：数据帧格式末尾添加 8 个字节的 IEEE 地址，此时为长地址模式。

xZigBee_C_R_E_IEEE：数据帧格式末尾不再添加 8 个字节的 IEEE 地址，此时为短地址模式。

⑥箭头 6:传感器短地址字段设置。

SENSOR_TYPE_R_E=0X01:宏定义前无 x 时,节点短地址的高 8 位默认为 0x01,低 8 位为 SENSOR_TYPE 宏定义的值。

xSENSOR_TYPE_R_E=0X01:宏定义前加 x 后,传感器节点的短地址由父节点自动分配。

需要注意的是,此处由 SENSOR_TYPE_R_E 和 SENSOR_TYPE 定义的短地址,非真实的短地址,而是标号地址,而且必须是 ZigBee_C_R_E_Engineering(广播模式)下才可正常通信。

最后,为保证该节点能与协调器正常通信,将该节点的信道设置为 18,PAN_ID 设置为 0x1212,通信方式为广播,这样就可保证节点与协调器正常通信。

注意:建议将地址设置为长地址模式。

(3)在"Category"框中,选择"Linker",在右侧的选项卡中选择"Output",选择下载烧写方式,并为可执行文件命名,如图 5-19 所示。

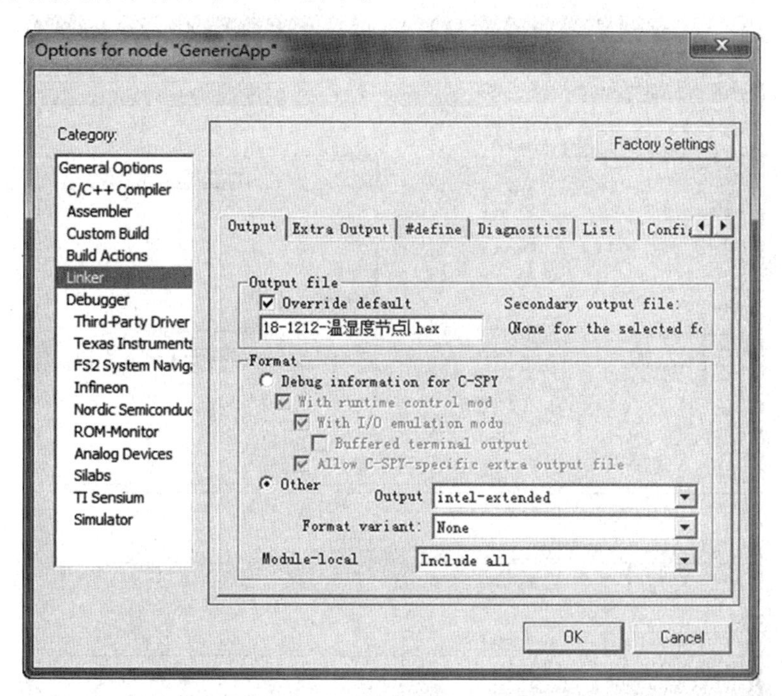

图 5-19　Linker 的 Output 选项

(4)重新编译工程,生成针对类型为"0x45"温湿度节点的 hex 文件,如图 5-20 所示。

(5)连接仿真器与温湿度节点,将 CC2530 Debugger 灰色排线端插入温湿度节点的 10 芯防插反烧写座上。

(6)按照烧写协调器的方法,选择要烧写的 HEX 文件:18-1212-温湿度节点.hex。该文件位于 ZStack 传感器透明传输源程序\Projects\GenericApp\CC2530DB\EndDeviceEB\Exe 目录下,点击【Perfom actions】按钮开始执行烧写终端节点。

(7)烧写完成后,节点开始执行终端设备接入网程序,自动添加到匹配的网络中。

(8)按照同样的方法,配置、编译、烧写其他采样节点,最后组成实验内容中展现的星形网络拓扑结构。

5. 组网

该实验在协调器、路由器、终端设备具有相同的通信信道和网络标识符 PAN_ID 的情况下进行。保持协调器先上电，确保 ZigBee 网络建立完成。此时路由器节点或终端设备再上电，那么这些设备会自动添加到已经建立成功的 ZigBee 网络中。路由器、终端节点上的 D1 灯闪烁 3 次后，D2 灯紧接着闪烁 1 次，同时协调器上的 D5 灯也闪烁 1 次，说明路由器、终端节点成功添加到网络中。实验效果如下所示。

(1)设置串口调试工具。打开 PC 上的串口调试工具，设置串口 COM1（根据情况选择），波特率为 38 400，无校验位，8 位数据位，1 位停止位，勾选“十六进制显示”。

(2)温湿度节点采样信息上传。点击温湿度节点的【SW1】按钮，节点进行一次采样，并把数据形成帧，传输给协调器，为按键触发模式。点击温湿度节点的【SW2】按钮，节点每隔 10 s 左右采样一次，并把数据形成帧，传输给协调器，为定时触发模式，如图 5-21 和图 5-22 所示。

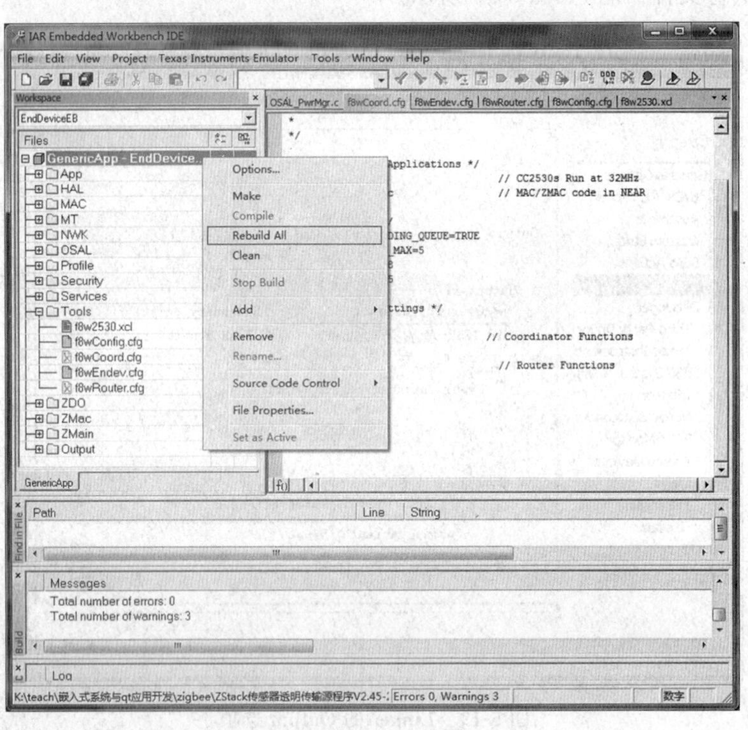

图 5-20 重新编译 EndDeviceEB

(3)查看温湿度节点给协调器发送的信息。

当温湿度节点是路由器设备类型时，协调器收到的格式如图 5-23 所示。

当温湿度节点是终端设备类型时，协调器收到的格式如图 5-24 所示。

6. 组网中可能存在的问题及解决办法

(1)PC 检测不到协调器串口连接。

解决办法：安装驱动，浏览驱动名为“CC Debugger”的驱动，安装即可。

(2)SmartRF Flash Programmer 烧写软件检测不到设备，可能是配置、软件版本高或低造成的。

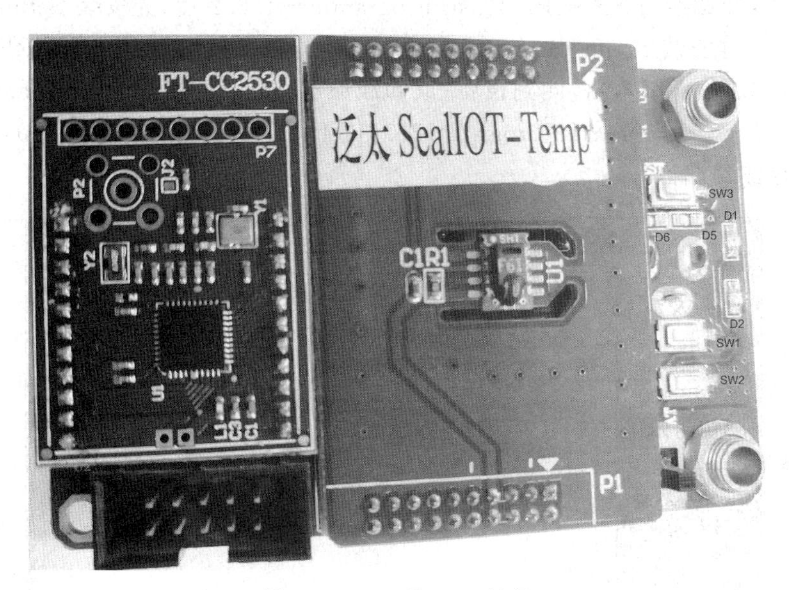

图 5-21　SW1 和 SW2 按钮

注:图片来源于无锡泛太科技有限公司《ZigBee 无线传感器网络透明传输实验指导书》。

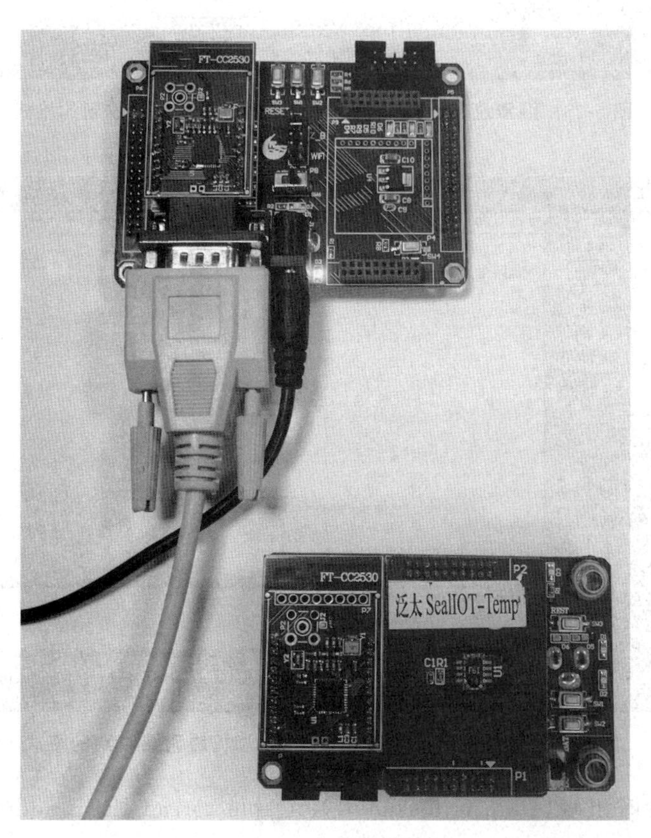

图 5-22　部件连接图

注:图片来源于无锡泛太科技有限公司《ZigBee 无线传感器网络透明传输实验指导书》。

解决办法：卸载原有 SmartRF Flash Programmer 1.6.2 后，先安装 Setup_SmartRF_Studio_6.12.0，再安装 Setup_SmartRFProgr_1.6.2，最后就能使用 SmartRF Flash Programmer 烧写软件（低版本）检测到设备；或卸载原有 SmartRF Flash Programmer 1.6.2，再安装高版本的 Setup_SmartRFProgr_1.12.7（位于 CC Debugger 文件夹下），然后打开烧写软件即可检测到设备。

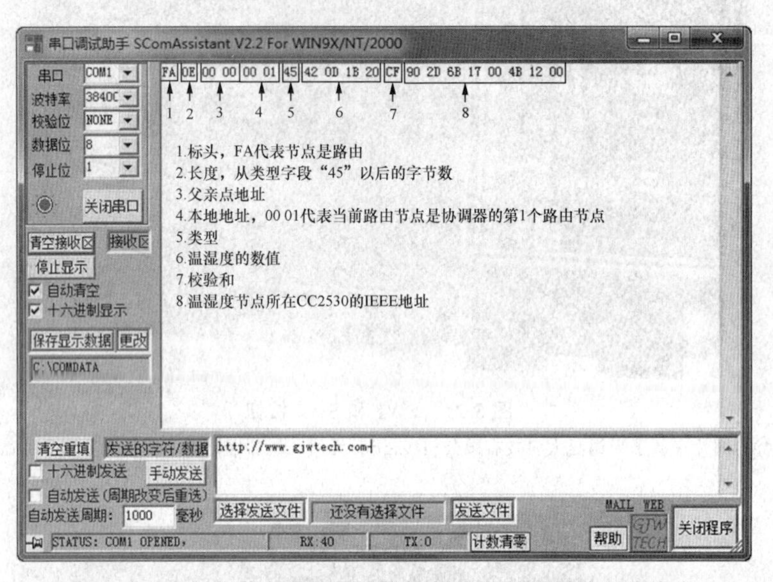

图 5-23　温湿度节点是路由器设备类型时，协调器收到的格式

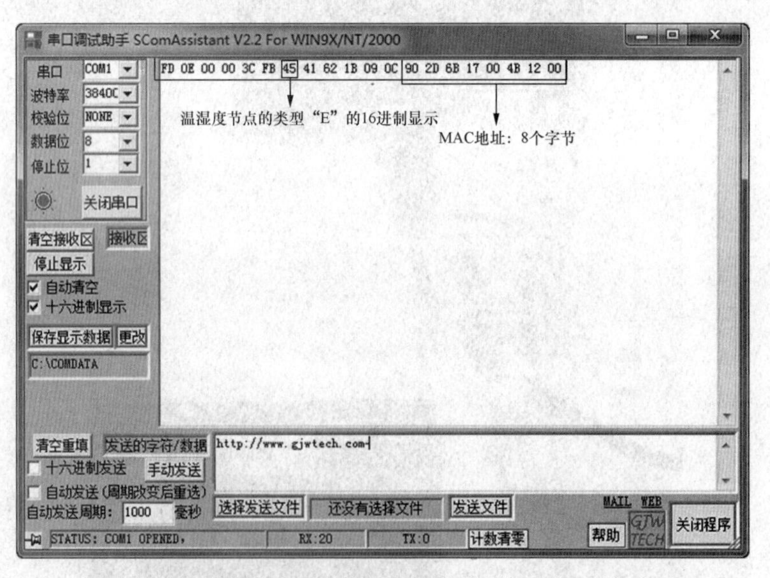

图 5-24　温湿度节点是终端设备类型时，协调器收到的格式

(3)烧写文件时出现"Chip is locked ! Not able toread IEEE address.(Uncheck the 'Reatin IEEE address' option)"错误提示。

解决办法：在烧写文件时，取消勾选"Retain IEEE address when reporgramming the chip"复选框之后再烧写文件即可成功。

(4)连接开发板时乱码。

解决办法：在 SecureCRT 上先断开连接，然后复位开发板，在此过程再重新连接，即可解决乱码。

(5)串口调试时，接收到温湿度传感器发送的第七组数据非 45 或 E。

解决办法：在 EndDevice 项目中，选择 Option 后再将 SENSI_TYPE 中默认的字母或数字更换为 E 或 0x45 后，重新烧入文件，即可得到第七组为 45 的数据。

(6)串口调试数据一切正常，开发板不能接收。

解决办法：重新烧入协调器文件后直接连接到开发板，然后打开温湿度传感器发送数据即可成功。

5.2 Qt 应用程序开发

5.2.1 温湿度嵌入式 Qt 应用程序开发

5.2.1.1 程序功能

程序的主要功能是要实现对环境温湿度的采集与呈现。

5.2.1.2 创建项目

(1)打开 Qt Creator 开发平台，选择"新建文件与工程"选项，在"选择一个模板"列表中选择"Qt Gui 应用"选项，单击【选择】按钮。

(2)为该项目取名为"TemHum"，项目保存路径为"/home/sa/qt"，注意目录中不能有中文名称。也可以把当前路径设为默认的工程路径，如图 5-25 所示，点击【下一步】按钮。

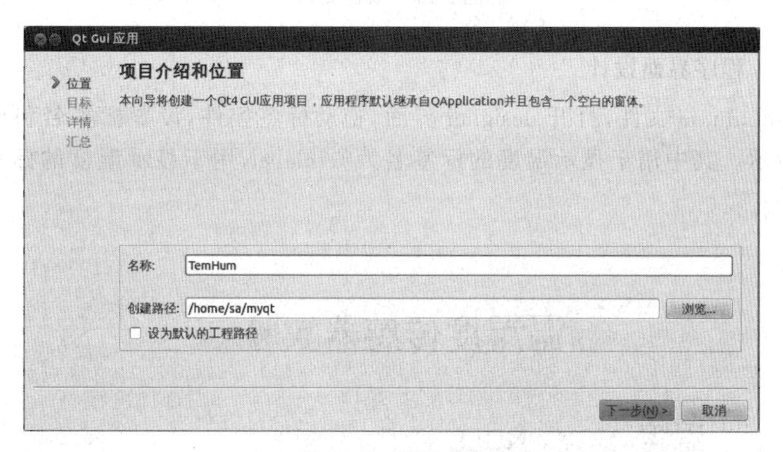

图 5-25　创建项目

(3)设置要创建的源码文件的基本类信息。这里设置类名为"TemHum"，基类为"QWidget"，勾选上"创建界面"复选框，如图 5-26 所示，点击【下一步】按钮。

(4)完成项目的创建，如图 5-27 所示，点击【完成】按钮。

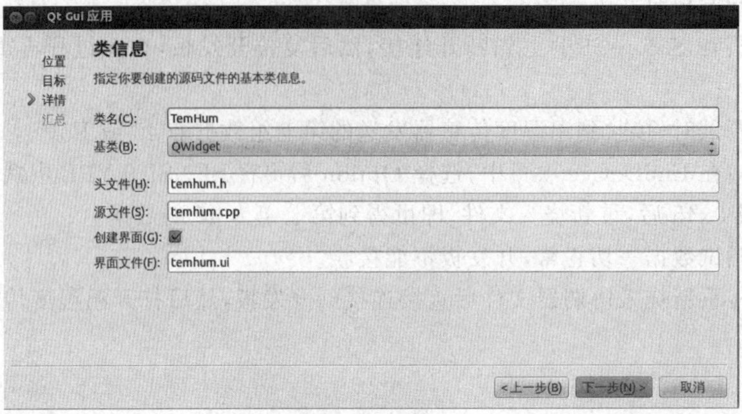

Qt Gui 应用

类信息

位置
目标
详情
汇总

指定你要创建的源码文件的基本类信息。

类名(C): TemHum
基类(B): QWidget
头文件(H): temhum.h
源文件(S): temhum.cpp
创建界面(G): ☑
界面文件(F): temhum.ui

<上一步(B) 下一步(N)> 取消

图 5-26　类信息

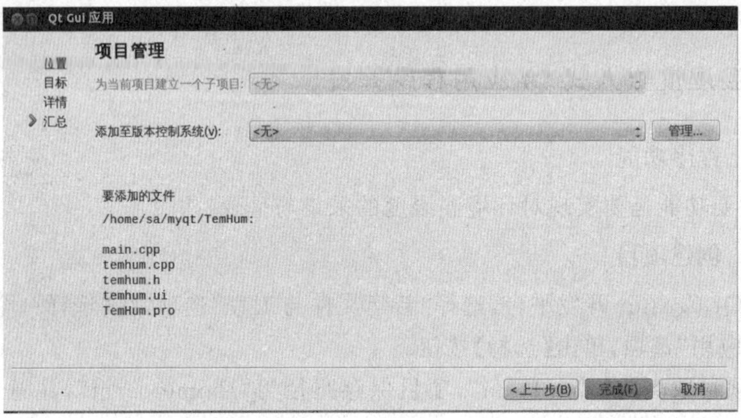

Qt Gui 应用

项目管理

位置
目标
详情
汇总

为当前项目建立一个子项目: <无>

添加至版本控制系统(V): <无> 管理...

要添加的文件

/home/sa/myqt/TemHum:

main.cpp
temhum.cpp
temhum.h
temhum.ui
TemHum.pro

<上一步(B) 完成(F) 取消

图 5-27　项目文件

5.2.1.3　程序界面设计

双击 temhum. ui 文件，打开 designer 界面，拖动标签控件，设置标签名和显示的内容，如图 5-28 所示。其中用于显示温度的标签名为 temlabel，用于显示湿度的标签名为 humlabel。

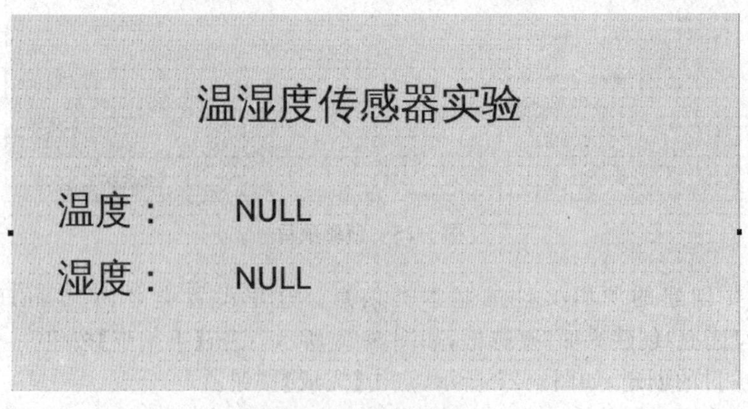

图 5-28　ui 界面设计

5.2.1.4 添加第三方串口类的头文件和cpp文件

把第三方串口类的目录复制到项目文件中。在temhum.pro文件中添加以下内容。

```
#-------------------------------------------------
#
# Project created by QtCreator 2020-01-05T18:07:38
#
#-------------------------------------------------
QT        += core gui
TARGET = TemHum
TEMPLATE = app
SOURCES  += main.cpp\
         temhum.cpp\
         Com/task_process.cpp\
         Com/com_data.cpp\
         Com/qextserial/qextserialport.cpp \
         Com/qextserial/qextserialport_unix.cpp
HEADERS   += temhum.h\
         Com/task_process.h\
         Com/com_data.h\
         Com/qextserial/qextserialport.h\
         Com/qextserial/qextserialport_p.h\
         Com/qextserial/qextserialport_global.h
FORMS     += temhum.ui
```

5.2.1.5 程序代码

1. temhum.h 文件代码

```
#ifndef TEMHUM_H
#define TEMHUM_H
#include<QWidget>
#include"Com/com_data.h"//包含串口类头文件
#define SERIAL_PORT_NUMBER  "ttySAC0"      //串口名
#define COM_BAUD_RATE           "38400"     //波特率
namespace Ui {
class TemHum;
}
class TemHum:public QWidget
{
  Q_OBJECT
public:
  explicit TemHum(QWidget *parent = 0);
  ~TemHum();
public:
```

```
  class ComData * myCom;                //声明串口类对象
private:
  void InitMyWidget();                  //初始化界面
  void InitMyComPort();                 //初始化串口
private slots:
  //串口接收数据槽函数
  void Com_Receive_Data(QByteArray,char,\
                        QByteArray,QByteArray,QByteArray);
private:
  Ui::TemHum * ui;
};
#endif//TEMHUM_H
```

主要代码说明:

(1)应用第三方串口类 ComData 申明 myCom 串口类对象。

(2)InitMyWidget()方法用于实现初始化界面。

(3)InitMyComPort()方法用于串口的初始化。

(4)Com_Receive_Data(QByteArray,char,QByteArray,QByteArray,QByteArray)方法实现串口数据的接收,该方法有 5 个参数。

2. temhum.cpp 文件代码

```
#include"temhum.h"
#include"ui_temhum.h"
TemHum::TemHum(QWidget * parent):
  QWidget(parent),
  ui(new Ui::TemHum){
  ui->setupUi(this);
  InitMyWidget();
  InitMyComPort();
}
///初始化界面
void TemHum::InitMyWidget(){
  this->setWindowFlags(Qt::FramelessWindowHint);//设置窗体无边框
  this->resize(800,480);//设置界面大小
}
///初始化串口类
void TemHum::InitMyComPort(){
  myCom = new ComData;//实例化串口类对象
  //设置串口名和波特率
  myCom->setComPort(SERIAL_PORT_NUMBER,COM_BAUD_RATE);
  if(! myCom->openComPort())//打开串口{
      //qDebug()<<trUtf8("串口打开失败.");
      return;
```

```
    }
  myCom->start();//开启线程
  //将串口数据的接收和解析的方法关联
  connect(myCom,\
          SIGNAL(getData(QByteArray,char,QByteArray,QByteArray,QByteArray)),\
          this,\
          SLOT(Com_Receive_Data(QByteArray,char,QByteArray,QByteArray,QByteArray))\
          );
}
///处理接收到的串口数据
void  TemHum::Com_Receive_Data(QByteArray,char type,\
                             QByteArray,QByteArray value,QByteArray mac){
  if(type = ='E')//节点类型{
        ui->temlabel->setText(QString::number(value.at(2)) + "." + \
                             QString::number(value.at(3)));  //显示温度
      ui->humlabel->setText(QString::number(value.at(0)) + "." + \
                             QString::number(value.at(1)));  //显示湿度
    }
}
TemHum::~TemHum(){
  delete ui;
}
```

3. main. cpp 文件代码

```
#include"temhum.h"
#include<QApplication>
#include<QTextCodec>
int main(int argc,char * argv[]){
    QApplication a(argc,argv);
    TemHum w;
    w.show();
    return a.exec();
}
```

5.2.1.6 程序运行与测试

点击项目按钮，这里设置构建目录为“/home/sa/myqt/TemHum-build-desktop-Qt_4_8_5_x86”，Qt 库为“Qt 4.8.5(Qt-4.8.5)”，编译工具链为“GCC(x86 32bit)”，如图 5-29 所示。

5.2.1.7 制作在开发板运行的应用程序

(1)点击【项目】按钮，这里设置构建目录为“/home/sa/myqt/TemHum-build-desktop-Qt_4_8_5_arm”，Qt 库为“Qt 4.8.5(QtEmbedded-4.8.5-arm)”，编译工具链为“GCCE”，如图 5-30 所示。

(2)单击【运行】按钮，程序异常终止。

退出/home/sa/myqt/TemHum-build-desktop-Qt_4_8_5__x86/TemHum，退出代码：0。{1 ?}

进入项目目录，查看生成在 ARM 环境下可运行的 TemHum，如图 5-31 所示。

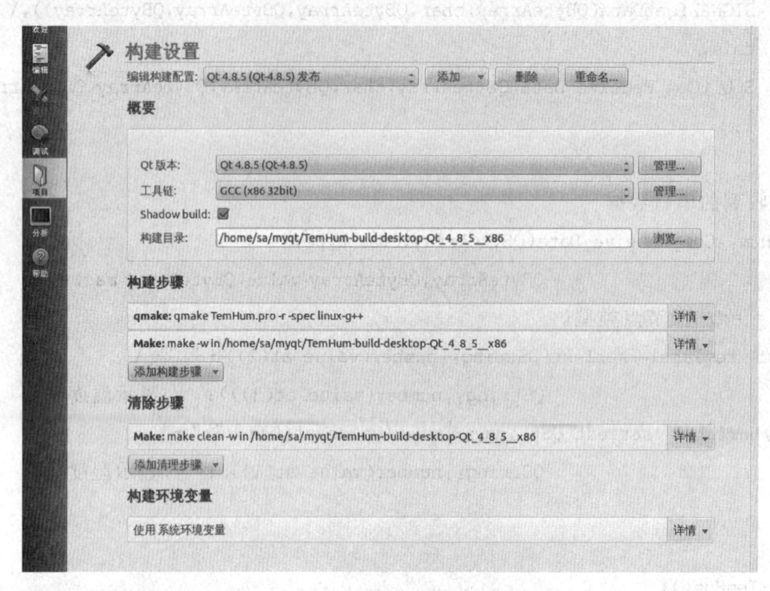

图 5-29　X86 环境下的构建设置

图 5-30　ARM 环境下的构建设置

```
root@sa-virtual-machine:/home/sa/myqt# ls
TemHum   TemHum-build-desktop-Qt_4_8_5__arm
TemHum1  TemHum-build-desktop-Qt_4_8_5__x86
root@sa-virtual-machine:/home/sa/myqt# cd TemHum-build-desktop-Qt_4_8_5__arm/
root@sa-virtual-machine:/home/sa/myqt/TemHum-build-desktop-Qt_4_8_5__arm# ls
com_data.o        moc_com_data.o          moc_temhum.cpp          task_process.o
main.o            moc_qextserialport.cpp  moc_temhum.o            TemHum
Makefile          moc_task_process.cpp    qextserialport.o        temhum.o
moc_com_data.cpp  moc_task_process.o      qextserialport_unix.o   ui_temhum.h
root@sa-virtual-machine:/home/sa/myqt/TemHum-build-desktop-Qt_4_8_5__arm#
```

图 5-31　生成在 ARM 环境下可运行的 TemHum

5.2.2 温湿度嵌入式应用程序移植

(1)把编译好的应用程序复制到共享路径 share 下。

```
# cp/home/sa/myqt/TemHum-build-desktop-Qt_4_8_5__arm/TemHum/mnt/hgfs/share
```

(2)打开连接好开发板的 SecureCRT,进入嵌入式 Linux。

(3)输入 rz,下载共享路径 share 下的编译好的应用程序。

```
#  rz
```

(4)在弹出的对话框中选择要移植的 D:/share 文件夹下的 TemHum。

(5)给编译好的应用程序添加可执行权限。

```
#  chmod +x TemHum
```

(6)执行 Qt 温湿度应用程序". /TemHum -qws",Qt 温湿度应用程序就移植到开发板了。

```
#. /TemHum -qws
```

(7)正常情况下,物联网在采集环境中的温度和湿度数据时,TemHum 会读取串口的数据并显示中标签上,如图 5-32 所示。

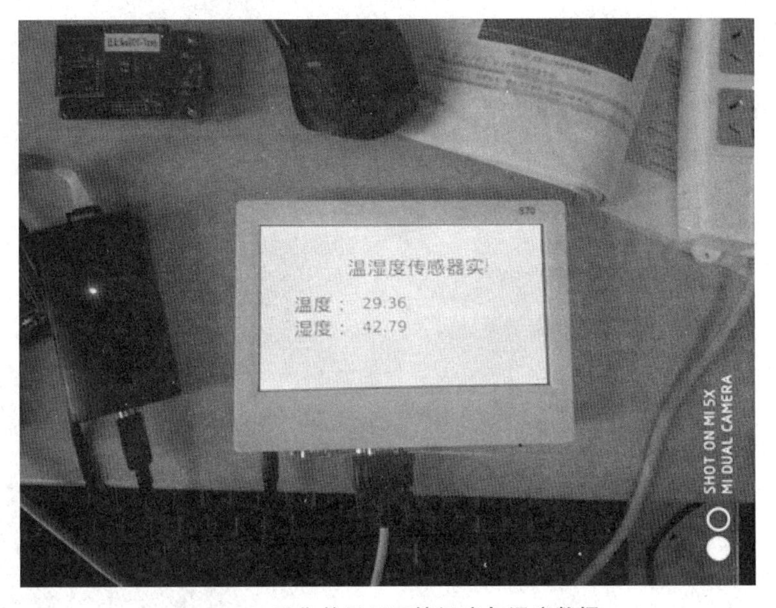

图 5-32 采集并显示环境温度与湿度数据

【思考与练习】

一、填空题

1. ZigBee 设备包含__________、__________、__________ 3 种类型。

2. 历史上第一个真正的 UNIX Shell 称为__________。

二、简答题

1. 原码包为 VMwareTools-10.2.5-8068393.tar.gz，简述安装 VMware Tools 工具的步骤。

2. 简述使用 CC2530 Debugger 烧写 ZigBee 协调器的过程。

3. 简述把 Qt 温湿度应用程序移植到开发板的步骤。

参考文献

[1] 沙祥.嵌入式系统与 Qt 程序开发[M].北京:机械工业出版社,2016.

[2] 陈志发,王苑增.嵌入式 Qt 实战教程[M].北京:电子工业出版社,2015.

[3] 赵伟,李华忠.嵌入式 Linux 操作系统[M].大连:东软电子出版社,2013.

[4] 华清远见嵌入式学院.嵌入式 Linux 系统开发教程[M].北京:电子工业出版社,2016.

[5] 王浩,陈邦琼.嵌入式 Qt 开发项目教程[M].北京:中国水利水电出版社,2014.